# 水文计算中的非参数统计方法

董　洁　冯忠伦　谭秀翠　左　欣　著

U0268653

黄河水利出版社

·郑州·

## 内 容 提 要

本书在介绍非参数统计概念、理论、计算方法的基础上,阐述了非参数变换理论。研究了非参数核估计的小样本性质,并把变换理论引入非参数统计中,提高了小样本的估计精度。建立了洪水频率分析的密度变换模型、变换回归模型和考虑历史洪水的密度变换模型,并对模型的稳健性进行了分析。最后介绍了目前应用比较广泛的 R 语言基础、统计图的做法和非参数的典型案例。

本书可以作为水利类、农田水利类、环境类、地学类等研究生教材,也可以供相关专业的科技工作者使用和参考。

**图书在版编目(CIP)数据**

水 文 计 算 中 的 非 参 数 统 计 方 法/董 洁 等 著. —郑 州:黄河水利出版社,2021.7
ISBN 978-7-5509-3000-1

Ⅰ.①水…　Ⅱ.①董…　Ⅲ.①非参数统计-应用-水文计算　Ⅳ.①TV131.4

中国版本图书馆 CIP 数据核字(2021)第 105723 号

组稿编辑:李洪良　电话:0371-66026352　E-mail:hongliang0013@163.com

出 版 社:黄河水利出版社　　　　　　　　　　　网址:www.yrcp.com
　　　　地址:河南省郑州市顺河路黄委会综合楼 14 层　　邮政编码:450003
发行单位:黄河水利出版社
　　　　发行部电话:0371-6602690、66020550、66028024、66022620(传真)
　　　　E-mail:hhslcbs@126.com
承印单位:广东虎彩云印刷有限公司
开本:787 mm×1 092 mm　1/16
印张:9.25
字数:214 千字
版次:2021 年 7 月第 1 版　　　　　　　　　印次:2021 年 7 月第 1 次印刷

定价:60.00 元

# 前　言

统计是面向问题解决、系统收集数据和基于数据做出回答的过程。目前主要有参数统计和非参数统计方法。参数统计方法依赖于对数据分布的假设，而非参数统计对模型要求甚少，不假定特定的总体分布，因此更加简单、稳健和适用。随着计算工具的发展，非参数统计模型在许多领域中越加广泛地应用。非参数统计不仅是统计类学科的必修课，也是统计应用工作者必须掌握的基本方法和思想。近代非参数统计的发展，为水文频率计算提供了另一条研究途径。它避开了水文频率计算中困惑多年的线型问题，不需要线型假设的先决条件，直接由实测系列与历史洪水求出较合理的设计值。应用研究表明，非参数统计方法在水文频率计算中的应用有巨大的潜力。

本书分为两部分，第1篇是非参数统计应用，是作者多年的研究成果。根据我国实测资料一般比较短的具体情况，研究了非参数核估计的小样本性质，在此基础上将变换理论引入非参数统计中，提高了小样本的估计精度，建立了洪水频率分析的密度变换模型、变换回归模型和考虑历史洪水的密度变换模型，并对模型的稳健性问题进行了分析。最后，把它应用于实例，为洪水频率分析提供了另外一种参考方法。第2篇介绍了目前应用比较广泛的R语言基础、统计图的做法和非参数统计的典型案例，期待读者能够利用R语言解决非参数统计中的计算和画图问题。

本书包括9章内容：第1章介绍了非参数统计的由来和国内外研究进展。第2章从理论角度论述了非参数密度估计及其变换理论。在水文计算中一般遇到的都是小样本，而目前的非参数统计理论都是在大样本的基础上论证和完善的，因而，探索一种普遍实用于小样本的非参数统计法是一项非常有意义的工作。本章把变换理论和非参数理论结合起来应用于水文领域，解决了窗宽选择的难题，提高了小样本的估计精度。第3章把非参数回归和变换理论结合起来，探求一种新的水文频率计算方法。第4~6章是在前两章理论证明的基础上建立的3种水文频率计算模型，丰富了非参数统计在水文频率计算中的应用。第7~9章是R语言在统计学方面的应用和案例分析。

本书由山东农业大学董洁、冯忠伦、谭秀翠、左欣撰写，全书由董洁审稿，其中第1、2章由谭秀翠撰写，第3、4章由冯忠伦撰写，第5、6章由董洁撰写，第7、8章由左欣撰写，第9章由董洁、冯忠伦、谭秀翠、左欣共同撰写，研究生宫俪琴和张凤同学对书稿进行了认真校核，还有很多同行和同事给出了很好的建议，在此一并表示感谢。

由于笔者水平有限，书中难免有错误和不足之处，恳请广大读者批评指正。

作　者

2021 年 3 月

# 目　录

# 第2篇　R语言

# 第 1 篇　非参数统计应用

# 第 1 章　绪　论

## 1.1　水文频率计算方法概述

建设各类水利水电、土木建筑等工程,需要为其提供一定设计标准的水文设计值。这类水文设计值可以从不同的途径获得,其中的统计途径已广为应用。一个多世纪以来,中外许多水文工作者为此做了大量的工作,使得估计设计值 $\hat{x}_p$ 的方法得到了不断的完善。解决这一问题通常采用参数统计方法,即先假设实测系列 $x_i(i=1,2,\cdots,n)$ 是来自某一参数未知的已知总体,它的分布函数或密度函数可以解析表示(例如假设总体是服从 P-Ⅲ型分布),然后由实测系列用参数估计方法估计出假定函数中的未知参数,最后求出设计值。这个问题实际包括两方面的工作:①确定频率曲线线型(总体);②估计未知参数。

水文频率分析,不仅要对设计值在已有的资料系列范围内进行内插,而且更主要的是做外延计算。频率曲线实际上是一种资料分布统计规律表达形式的模型,是一种外延或内插的频率分析工具。确定线型的问题很复杂,一般水文系列总体的频率曲线线型是未知的,通常选用能较好拟合多数水文系列的线型。很多分析表明,水文资料的分布是偏态的。自 20 世纪初期对数正态分布和 P-Ⅲ型分布提出和应用以来,各国学者对线型选择、分布特性、曲线拟合、各类线型比较和水文应用等,做了大量的探索和分析工作。

P-Ⅲ型分布曲线是国内外应用最多的一种,它能较好地拟合水文资料系列,但仍有一部分得不到满意的结果。李元章选用水文计算中最常用的 6 种线型对我国南北各大河流资料较长的 72 个测站的洪水资料进行拟合分析,结果表明,我国洪水设计规范规定的 P-Ⅲ型分布的确为较优的一种线型。另外,由于我国部分地区的资料与三参数对数正态分布(LN3)线型拟合较优,加上这种分布数学上易于处理,可以充分利用关于正态分布的结果,而且能够拟合较多类型的水文资料,例如洪峰流量、日径流及降雨资料等,因此,在一些部门和地区,对数正态 LN3 线型也得到了较为广泛的应用。

对于总体线型已定的情况,确定分布函数的问题实际就是一个参数的估计问题。针对这个问题许多水文学者做过较深入的研究。例如,在已知线型是 P-Ⅲ型的假设下,丛树铮,谭维炎比较了各种参数估计方法的各种适线法,指出:用绝对值准则适线法求得的参数较为合理。侯玉在已知线型是对数正态的假设下,用统计试验方法比较了 7 种参数估计方法,得出:用概率权重矩法求得的参数较为合理。

频率曲线线型,从正态分布、对数正态分布和皮尔逊曲线族开始,细分已有几十种。有的学者希望能有在物理概念上得到解释的线型,看来未能如愿。所以,我们在水文频率分析计算中,所使用的线型只是一种推断,与实际分布不一定符合。在某种线型假设下所得的最优估计方法,在假设不成立时,其性能如何是有待研究的问题。稳健估计就是研究这一问题的。稳健估计量,就是指当前所依据的假设不成立时其统计性能变化较小的一种估计量。例如,假设洪峰流量服从 P-Ⅲ 型分布,但是实际是对数正态分布,人们自然希望在 P-Ⅲ 假设下的 $T$ 年洪水估计设计值 $\hat{x}_p$,能与在对数正态分布下的 $T$ 年洪水估计设计值 $\hat{x}_p$ 相差不远。因此,稳健估计的研究具有重要的实际意义。非参数统计中的核估计方法是不需线型假设的先决条件,直接由实测系列和历史洪水求得较为合理的洪水设计值。由于这种方法与分布无关,因此它是一种稳健的估计方法。

近代非参数统计的发展,为水文频率计算提供了另一条研究途径。它避开了水文频率计算中困惑多年的线型问题,不需要线型假设的先决条件,直接由实测系列与历史洪水求出较合理的设计值。应用研究表明,非参数统计方法在水文频率计算中的应用有巨大的潜力。本书就是在这个背景下,根据我国实测资料一般比较短的具体情况,研究了非参数核估计的小样本性质,在此基础上将变换理论引入非参数统计中,提高了小样本的估计精度,建立了洪水频率分析的密度变换模型、变换回归模型和考虑历史洪水的密度变换模型,并对模型的稳健性问题进行了分析。最后,把它应用于实例,为洪水频率分析提供了另外一种参考方法。

# 1.2　非参数统计理论

## 1.2.1　非参数统计原理

### 1.2.1.1　非参数统计的特点

非参数统计方法是作为参数统计的对立面而出现的,因此它与参数统计方法相比主要有以下几个不同点:

(1)非参数统计方法的适用面广。它不仅可以用于定矩、定比尺度的数据,进行定量资料的分析研究;还可以用于定类、定序尺度的数据,对定性资料进行统计分析研究。例如:利用问卷调查资料,进行居民对某几种商品质量满意程度是否相等的分析研究;利用民意测验,分析研究居民对几种房改方案的支持率是否有差异等。而这些方面的研究是参数统计方法所不能及的。但是,如果某种特定的参数模型适合该问题,且针对该模型存在一种优良的统计方法,则与参数方法相比,非参数统计方法一般效率较低。

(2)大样本方法在非参数统计中起着重要的作用。绝大多数常用的非参数统计方法,都是基于有关统计量的某种极限性质。在使用大样本时,人们假定样本大小 $n$ 已经"足够大",以至于有关统计量的确切分布与其极限分布的差距已经"足够小",因而使用极限分布带来的偏离,在应用上"可以忽略不计"。当定距或定比尺度测量的数据能够满足参数统计的所有假设时,非参数统计方法虽然也可以使用,但效果远不如参数统计方法。这时,如果要采用非参数统计方法,唯一可以补救的办法就是增大样本容量,用大样本,弥补由于采用非参数统计方法而带来的损失。比如说,通过 90 次独立观察获取的数据足以保证参数统计所要达到的精度,而若用非参数统计方法,可能至少需要 100 次独立地观察以获取数据。

(3)使用样本的信息与参数方法不同。样本是统计推断的依据,统计方法优劣的依据很大程度上依赖与它是否"充分地"提取和使用了样本中的信息,以此构造合理的模型。例如极大似然估计,它要求总体的概率密度的形状已知,所以参数统计方法往往对设定的模型有更多的针对性,一旦模型改变,方法也随之改变。非参数方法则不然,由于非参数模型中对总体的限定很少,以致只能用很一般的方式去使用样本信息,如位置、次序关系之类。由于参数统计方法对数据有较强的假定条件,因而当数据满足这些条件时,参数统计方法能够从其中广泛、充分地提取有关信息。非参数数统计方法对数据的限制较为宽松,因而只能从其中提取一般的信息。当数据资料允许使用参数统计方法时,采用非参数统计方法会浪费信息。

(4)非参数统计具有稳健性。稳健性(Robustness)反映这样一种性质:当真实模型与假定的理论模型有不大的偏离时,统计方法仍能维持较为良好的性质,至少不会变得很坏。参数统计法是建立在假设条件基础上,一旦假定条件不符合,其推断的正确性就会不存在。非参数统什方法由于都是带有最弱的假设,对模型的限制很少,故天然具有稳健性。例如,在两样本问题的 $C_{\text{MHPHOB}}$ 检验中,由于对总体分布没有特定的要求,就不会发生真实的模型分布与假设有偏离的事,因而这个检验就必然符合稳健性的要求。

### 1.2.1.2 概率密度估计

目前,有许多非参数密度的估计方法,可以概括为以下几种。

#### 1. 直方图法

选一个适当的正数 $h$,把全直线分为一些长为 $h$ 的区间,任取这些区间之一,计为 $I$,则对 $x \in I$ 以频率 $\#\{i:1 \leqslant i \leqslant n, x_i \in I\}/nh$ 作为 $f(x)$ 的估计。这个估计的图形是一个边长为 $h$ 的阶梯形。若从每一个端点向底边做垂线以构成矩形,则得到一些由直立的矩形排在一起而构成的直方图,以此得到直方图之名。这里的 $h$ 称为窗宽,它的选择是非常重要的。$h$ 太大,则平均化的作用突出了,而淹没了密度的细节部分;$h$ 太小,则随机性影响太大,而产生极不规则的形状。$h$ 的选择无现成规则可循,一般只能说,应选择一个适当的 $h$以平衡上述两种效应。总体来讲,当样本大小 $n$ 大时,$h$ 可取得小一些。直方图估计的优点在于简单易行,且在样本容量 $n$ 较大、窗宽 $h$ 较小的情况下,所得图像可以显示密度的基本特征。但也有明显的缺点,它不是连续函数(这可以通过适当地修匀来解决),且从统计角度看一般来说效率较低。例如,在这一方法下,这种方法对每一个区间中心部分密度估计较准,而边缘部分较差。

#### 2. Rosenblatt 法

为克服前述直方图法的一个缺点——对每个区间边缘部分密度的估计较差,Rosenblatt 在 1955 年提出了一个简单的改进。指定一个正数 $h$ 如前,对每个 $x$,记 $I_x$ 为以

$x$ 为中心,长为 $h$ 的区间,即 $\left[x-\dfrac{h}{2},x+\dfrac{h}{2}\right]$。以 $I_x$ 作为直方图算法中的 $I$,算出的值作为 $f(x)$ 在 $x$ 点处的估计值,这就是 Rosenblatt 估计。Rosenblatt 法与直方图法的不同之处仅在于,它事先不把分割区间定下来,而让区间随着要估计的点 $x$ 跑,使 $x$ 始终处在区间的中心位置,而获得较好的效果。理论上可以证明,从估计量与被估计量的数量级上看,Rosenblatt 法优于直方图法。

3. Parzen 核估计

Rosenblatt 核估计仍为一阶梯函数,与直方图估计比起来各阶梯之长不一定相同而已,仍是非连续曲线。另外,从 Rosenblatt 估计的定义可知,为估计 $f(x)$ 在 $x$ 点的值 $f(x)$,对于 $x$ 在一定距离内的样本,起的作用一样。而在此以外则毫不起作用。直观上可以设想,为估计密度函数,与 $x$ 靠近的样本,所起的作用似应比远离的样本要大些。这个想法 Parzen 于 1962 年提出的核估计方法中得到了体现。目前,核估计方法在理论上是比较完善的有效方法。单变量核密度估计定义为

$$\hat{f}(x) = \frac{1}{nh}\sum_{i=1}^{n} k\left(\frac{x-x_i}{h}\right) \tag{1-1}$$

式中:$\hat{f}(x)$ 为总体未知密度函数 $f(x)$ 的一个核估计;$k(\cdot)$ 为核函数;$h$ 为窗宽;$n$ 为样本容量。

一般总是取核函数 $k(\cdot)$ 为偶函数,在 $x\leqslant 0$ 处,$k(\cdot)$ 为非降。例如:

$$k(u) = \begin{cases} \dfrac{3(1-u^2)}{a^2} & |u|\leqslant a \\ 0 & \text{其他} \end{cases} \tag{1-2}$$

$$k(u) = \frac{1}{\sqrt{2\pi\sigma^2}}\exp\left(-\frac{u^2}{2\sigma^2}\right) \qquad (-\infty < x < \infty) \tag{1-3}$$

等都是合适的候选者。这里,$a$、$\sigma$ 等都是正常数。

窗宽 $h$ 一般随样本容量 $n$ 的增大而下降。理论上应满足 $\lim\limits_{n\to\infty}h_n=0$,$h$ 取值太小,随机性的影响增加,而 $\hat{f}(x)$ 呈现很不规则的形状,这可能会掩盖 $f(x)$ 的重要特性。反之,$h$ 取值太大,则 $\hat{f}(x)$ 将受到过度的平均化,使 $f(x)$ 的比较细致的性质不能显露出来。

4. 最邻近估计

在文献中,除核估计外,最近邻估计方法也是常用的一种密度估计方法。这是 Loftsgarden 和 Quesenberry 在 1965 年提出的。此法较适合于密度的局部估计,其主要思想是:设 $X_1,X_2,\cdots,X_n$ 是来自未知密度 $f(x)$ 的样本。先选定一个同 $n$ 有关的整数 $k=k_n$,其中 $1\leqslant k\leqslant n$。对固定的 $x\in R^1$,记 $a_n(x)$ 为最小的正数 $a$,使得 $[x-a,x+a]$ 中至少包含 $X_1,X_2,\cdots,X_n$ 中的 $k$ 个。注意到,对每一个 $a>0$,可以期望在 $X_1,X_2,\cdots,X_n$ 中大约有 $2a_nf(x)$ 个观察值落入区间 $[x-a,x+a]$ 之中,因而 $f(x)$ 的估计 $\hat{f}(x)$ 可以通过令 $k=2a_nn\hat{f}(x)$ 得到。因此定义:

$$\hat{f}_n(x) = k_n/[2a_n(x)n] \tag{1-4}$$

为 $f(x)$ 的估计,统称为最近邻估计(简记为 N. N. 估计)。此处区间长度 $2a_n(x)$ 是随机的,而区间内所含观察数是固定的。最近邻估计不适用做 $f(x)$ 的整体估计,而较适合于密度的局部估计。

核密度估计既与样本有关,又与核函数及窗宽的选取有关。在给定样本以后,一个核估计的好坏,取决于核函数及窗宽的选取是否得当。核函数和窗宽的选择直接影响密度函数的估计精度,因而引起了许多学者的关注和讨论,下面介绍这方面已取得的一些成就。

从理论上来说,不一定要求核函数为密度函数,但从实用上要求核函数 $k(\cdot)$ 为密度核函数是合适的。因为待估计的函数 $f(x)$ 也是密度函数,所以估计量最好是密度函数。原则上可对核函数 $k(\cdot)$ 施加一定的限制,使估计量与待估函数偏差在一定意义上尽可能地小。例如,可要求核函数 $k(\cdot)$ 具有对称性,其一阶矩为零,具有有界性,连续性等。任何概率密度函数都可以作为核函数,但是用于水文频率分析的核函数,更需重视其尾部特征,并使积分均方差最小。因此,优选核函数一般基于以下几方面考虑:

(1)基于积分均方差(MISE)的考虑。

(2)基于核函数尾部特征的考虑。

(3)基于核函数形状上的考虑。一般较好的核函数要求具有对称性,因为这能够使得密度估计无偏;Gaussian 核和 Cauchy 核是对称的,EV1 是非对称的。在洪水频率分析中,洪水系列一般有较小的下边界,且密度函数是非对称的。因为非对称密度函数经过对数变换后很容易变为对称的,所以实际应用中可放宽对称性的要求。

窗宽的选择比核函数的选择更重要,因为选择窗宽的目的是为了进行核的密度估计。窗宽一般随着样本容量 $n$ 的增大而下降。窗宽取得太小时,随机性的影响增加,而 $\hat{f}(x)$ 呈现不规则的形状,这可能会掩盖 $f(x)$ 的重要特征;反之,窗宽太大,则 $\hat{f}(x)$ 将受到过度的平均化,使 $f(x)$ 的比较细致的性质不能显露出来。目前,窗宽的选择方法很多,主要有固定窗宽、变窗宽、自适应窗宽优选法、数字跟踪法等。

### 1.2.1.3　非参数回归

一般在实际问题中,我们感兴趣的变量 $X$、$Y$(均可为多维)有某种相关关系,即当给定 $X=x$ 时,虽然还不足以确定 $Y$ 的值,但 $Y$ 的条件分布由 $X$ 所确定。

Stone 在 1977 年提出一种非参数回归估计的权函数法。设有来自于 $(X,Y)$ 的随机样本 $(X_i,Y_i)$,$i=1,2,\cdots,n$,其回归函数 $E(Y|X)$ 的权函数法估计为

$$\hat{E}(Y \mid X) = \sum_{i=1}^{n} W_{ni}(X) Y_i \qquad (1-5)$$

其中: $\sum_{i=1}^{n} W_{ni}(X)=1$,$W_{ni}(X) \geq 0$,$1 \leq i \leq n$。变量 $X$ 与 $Y$(均可为多维)有某种相关关系,如降雨和径流。构造 $W_{ni}(x)$ 有两种方法:最近邻法和核权法。最近邻法中构造 $W_{ni}(x)$ 原理是,根据样本 $x_i(i=1,2,\cdots,n)$ 与 $x$ 接近程度赋予不同的权,$x$ 与 $x_l$ 越接近,权 $W_{ni}(x)$ 越大。实际应用中,权 $W_{ni}(x)$ 有很大的选择余地。核权法中 $W_{ni}(x)$ 定义为(一维):

$$W_{ni}(x) = K\left(\frac{x - X_i}{h}\right) \bigg/ \sum_{j=1}^{n} K\left(\frac{x - X_j}{h}\right) \quad (i = 1, 2, \cdots, n) \tag{1-6}$$

水文预报就是基于以上原理。

## 1.2.2 非参数统计的应用

### 1.2.2.1 水文频率分析中的应用

Adamowski 于 1985 年首次用核密度估计方法来推求设计洪水,作者以实测资料为依据,把非参数核密度估计法与不同假设条件下的参数统计模型(LN3、LPⅢ、EV)的计算结果进行分析,并得出结论:核估计法比上述参数统计模型具有较小的偏差和均方差,并且该法能解决洪水的多峰问题,这是参数方法所不能及的。由于非参数核估计曲线外延有限,即非参数估计模型对超出样本范围许多稀遇频率的设计值无法得到,且不能充分利用洪水信息,因此 Schuster 等提出了一种参数与非参数混合的密度估计,并证明了它的有效性。这种方法虽然把地区信息及经验分析加入模型当中,同时解决了密度曲线的尾部外延问题,但是仍然不能回避线型的选择。郭生练在考虑我国实测资料比较短而古洪水研究又很有特色的情况下,提出考虑历史洪水的非参数方法,并通过实例与参数模型进行了对比研究,得出非参数方法的描述和预测能力皆优于参数方法的结论。Tung 等首次将非参数法——自助法(或称再抽样法)应用于洪水频率分析。此法主要是计算参数的样本方差。夏乐天用非参数方法结合再抽样法对核估计进行了纠偏处理,并用统计试验方法在 P-Ⅲ型总体与三参数对数正态总体的情况下对非参数密度估计法及各总体的最优参数估计的稳健性进行了比较,得出非参数法的稳健性最好的结论。

### 1.2.2.2 在水文水资源预报中的应用

karlsson M. 和 Yakowitz S. 首次把时间系列非参数回归方程引入随机水文学领域,提出了暴雨径流预报的非参数最近邻方法,系统研究了最近邻非参数回归方法 N.N. 法的性质,为在水文水资源预报上的应用提供了理论基础。同时,与水文概念模型进行了对比研究,结果表明在样本资料增加到一定时,非参数最邻近法保证可以收敛到最佳预报值,而其他的时间系列模型则做不到。karlsson M. 和 Yakowitz S. 应用 Bird Creek 和 Coshocton 两流域的降雨径流资料,把最近邻预报方法应用于洪水警报问题,并将结果同萨克门托模型、单位线和自回归滑动平均模型的预报结果进行比较,并指出 N.N. 法优于上述模型,特别适合洪峰预报。Smith J. A. 于 1991 年提出了核权非参数回归方法并对长持续径流——日流量进行了预报研究,并应用于行政区用水管理,取得了较好的预测效果。

### 1.2.2.3 在水文水资源模拟中的应用

Upmanu lall 提出最近邻非参数自展模式并首次将其用于水文相依时间序列模拟,作者以 AR(1) 和 SETAR(1) 分别为总体生成 100 个容量为 500 的样本。统计试验表明,该法能保持总体的线性或非线性相依结构。但该法的缺点是对已知序列的重复抽样,没有实现合理的内插和外延。Sharma A. 建立了非参数核估计一阶马尔可夫模型(NP(1)),作者使用该模型分别对 AR(1) 和 SETAR(1) 模拟的序列进行统计试验,结果表明,NP(1) 能逼近资料的真实分布,能保持总体的线性或非线性相依关系,且统计性能保持得良好,并且合理地实现内插与外延,但该书的工作局限于单变量一阶情况。Rajaqoplan B. 于 1997

年构造了以高斯函数为核的多变量一阶非参数核估计模型。Monte Carlo 统计试验表明，这种非参数统计方法用于多变量相依时间序列模拟是成功的。1999 年，王文圣构造了多变量多阶非参数核估计模型，并用于金沙江流域屏山站、宜—屏区间单站和两站日流量、月径流随机模拟，模拟效果较好。

#### 1.2.2.4 在统计试验方面的应用

非参数统计试验方法主要有 Jackknife（刀切法）和 Bootstraps（自助法）两种，目前用于估计参数的偏差和均方差。Tung 和 Mays 把它用于估计参数的方差和分析水文现象中的不确定问题。

#### 1.2.2.5 在假设检验方面的应用

非参数检验对被抽样总体的参数不做任何假设，因而具有很好的适用性。水文学中主要有 Kolmogorov-Smirnov 检验、Cramer-Von Mises 检验、Anderson-Darllng 检验等。李元章和 Ahmad 应用非参数检验方法，对洪水频率分析模型和线型进行比较，得到了较好的结果。

## 1.3 水文频率计算非参数统计方法

### 1.3.1 问题提出

非参数统计方法是 20 世纪 30 年代中后期开始形成并逐步发展起来的。它是与参数统计相比较而存在的，不依赖于总体分布及其参数，亦即不受分布约束的统计方法。在过去的几十年里，尽管非参数理论得到了进一步的发展，并且已经在水文、社会研究以及医学、企业管理等领域得到了广泛应用。但是作为一种新生事物，人们对非参数统计方法较传统的参数统计法还比较陌生，对它缺乏了解，特别是在我国涉足这一领域的学者更是凤毛麟角，在水文中的应用还不多见，应用领域尚需进一步拓展。另外，非参数统计方法本身还存在一些不足之处，例如，窗宽和核函数的选取，针对小样本估计精度的提高等都需要进一步的改进和创新。要把一种新的估计理论应用到实际中去，非参数统计还需更多的学者对其进行论证和研究，挖掘其潜能，开拓新的应用领域，通过不断的完善和实际应用以促进非参数统计理论和实际应用的进一步发展。

本书在消化和吸收前人对非参数统计理论和应用新成果的基础上，总结其经验和不足，改进非参数统计方法在水文中的应用，提出适合水文特点的估计方法，建立非参数洪水频率分析模型，提高估计精度，为该方法实用化的发展和广泛的应用打下坚实的基础，为进一步的研究提供借鉴作用。

### 1.3.2 研究思路

#### 1.3.2.1 变换理论研究

在各种数学方法中，变换方法是用途最广、最重要的方法之一。变换可以使许多数学运算变得简单。例如，对数变换将乘除运算变为加减运算，积分变换将卷积运算变换成乘除运算，泛函分析中的算子谱理论，就是算子的变换理论。某些统计方法本身就是对数据的变换。例如,主成分分析和由此派生的各种正交变换,广泛应用于各个工程领域。同样,在函数估计中也可以引用变换方法。引用变换的目的不是为了便于计算,而是为了提高小样本的精度,变换对象是样本,变换手段也不同于一般数学方法的变换,不是通过一次变换而是多次变换逐步改善精度。这是由于处理对象是随机数据,具有不确定性,很难找到合适的变换函数,需要多次迭代。这种变换估计法是非参数统计法、变换法和迭代算法相结合的估计方法。

### 1.3.2.2　变换理论与非参数统计理论相结合的应用研究

在水文实际应用中,我们一般遇到的都是小样本,而目前的非参数统计理论都是在大样本的基础上论证和完善的,因而,探索一种普遍实用于小样本的非参数统计法是一项非常有意义的工作。本书把变换理论和非参数理论结合起来应用于水文领域,不仅解决了窗宽选择的难题,而且提高了小样本的估计精度,同时为在其他领域的应用打下了基础。

## 1.3.3　主要内容

第1章 绪论。详细介绍了非参数统计理论和应用研究的进展,指出非参数统计与参数统计计算方法的不同特点及其优缺点。提出了把变换理论与非参数统计理论结合起来作为本书的研究思路,力求探索出实用于工程需要的洪水频率分析的非参数统计变换方法。

第2章 非参数密度估计及其变换理论研究。小样本时,函数的估计性能与函数形状有关。对于某个具体的估计方法和均方积分误差准则($L_2$误差),可以证明存在"最佳函数"使其函数的 $L_2$ 误差最小。若一组样本的真实函数是"最佳函数",则称这样的样本为"最佳样本"。变换估计就是对原样本变换,逐渐逼近"最佳样本"。衡量函数估计性能的量通常是估计的偏差和方差,或者是与这两个量有关的其他量。一个好的估计希望偏差和方差都尽量小。然而在函数的非参数估计中,这两个要求往往是矛盾的。大样本情况是非参数函数估计的最理想情况。大样本时样本稠密,在很小的区间内,可以取到相当多的点平滑,以充分减少随机性引起的方差,同时由于区间很小,各点的函数真实值相差很小,平滑引起的偏差小,容易保持估计的无偏性。目前要解决的问题是如何在样本较小的情况下获得较好的估计。样本较小时,估计的方差不可能减小到零,因为即使用全部样本平均,方差也不会为零。但是在小样本或样本有限时,可以用变换估计的方法克服无偏性和最小方差要求的矛盾。可以先对样本进行变换得到新样本,新样本对应的函数曲线比较平缓,估计点的真实值相差很小,可以用较多的点平滑,不致产生太大的偏差。

第3章　非参数回归及变换理论。在实际中,我们经常要研究两个变量 $X$ 与 $Y$ 的函数关系,最基本的情况是用一个一元线性回归描述二者的关系。如果一元线性关系不成立,比如:当回归函数可能存在非线性,误差非正态或不独立时,可能会考虑通过修改模型结构或用类似于非参数系数估计法估计参数,这样都可能改善模型的描述能力。但是,越来越多的例子表明,很多函数关系结构或参数形式是不可能任意假定的,有些即便可能通过修改模型或调整估计方法得到的关系,也可能存在一些潜在的问题。

第4章　基于密度变换的水文频率计算模型核回归是常用的非参数回归方法,在某种合理的假设下,核回归是收敛的,大样本性能较好。但是小样本时,核回归的性能不好,主要原因是估计的无偏性和最小方差之间的矛盾不好解决。变换核回归的基本思想是将原样本变换成新样本,新样本的回归曲线比较平坦,回归偏差小,因而可以取较多的点平滑以减少方差。

基于核密度变换的水文频率计算模型。设 $X_1, X_2, \cdots, X_n$ 为来自未知密度函数 $f(x)$ 的独立同分布样本,例如,年最大洪峰流量。对给定的频率 $p$ 的设计值 $\hat{x}_p$ 可以由下式决定:

$$p = p\{x \geq \hat{x}_p\} = \int_{\hat{x}_p}^{\infty} \hat{f}(x) \, \mathrm{d}x \tag{1-7}$$

式中: $\hat{f}(x)$ 为 $f(x)$ 的非参数密度估计,它对总体未做任何假设。密度变换估计包括两次变换:第一次是将原样本变换成新样本,第二次是将新样本的密度函数估计反变回原样本的密度函数估计。变换本身不产生随机误差。只要新样本的估计精度高于原样本,变换估计就能提高精度。本章给出了密度变换模型并且用统计试验方法研究了算法的稳健性问题。

第 5 章 基于非参数回归变换的水文频率计算模型。在计算洪水频率分析时,一般先由样本估计出总体的密度函数,再对其积分得设计值。由于密度函数估计不是无偏估计,对其积分得到的分布函数会将偏差积累起来。密度和分布函数是随机变量的两种不同属性,如果要从密度估计得到分布函数估计,密度估计应该是无偏的,方差大点没关系,因为积分会消除方差的影响。如果要从分布函数得到密度估计,分布函数应该连续光滑,允许有点偏差,因为数值积分用邻近几个点估计一个点的微分值,对非光滑点较敏感。因此,本章给出一种直接对经验分布函数拟合的非参数回归的变换方法。

第 6 章 基于历史洪水的非参数变换模型。本章进行洪水频率分析的目的是由实测资料来外延频率曲线从而推求百年一遇、千年一遇、万年一遇的洪水设计值,如果设计值偏大会导致投资增大,造成浪费。反之会降低工程的安全性,有可能造成巨大灾害。为了增加洪水系列的代表性,使频率曲线的外延多些依据,实践表明在洪水频率计算中考虑历史洪水的作用,对减少抽样误差,使计算成果趋于比较合理和相对稳定的效果是明显的。因而,如何根据历史和古洪水资料改善非参数统计模型外延有限的缺点是非常必要的。本章建立了考虑历史洪水的非参数变换模型,并且应用实例分析了模型的可行性。

# 第 2 章　　非参数密度估计及其变换理论

概率分布是统计推断的核心,联合概率密度提供了关于所要分析变量的全部信息,有了联合密度,可以回答变量子集之间的任何问题。密度估计是指在给定样本后,对其总体密度的估计,有参数估计和非参数估计两种类型。前者是密度函数结构已知而只有其中某些参数未知,此时的密度估计就是传统的参数估计问题。后者是密度函数未知(或最多只知道连续、可微等条件),仅从既有的样本出发得出密度函数的表达式,这就是非参数密度估计。非参数密度估计始于直方图法,后来发展为最近邻法、核密度估计法等,其中理论发展最完善的是核密度估计法。

## 2.1　直方图密度估计

### 2.1.1　基本概念

直方图经常用来描述数据的频率,使研究者对所研究的数据有较好的理解。如何使用直方图估计一个随机变量的密度呢? 直方图密度估计与用直方图估计频率的差别在于,在直方图密度估计中,我们需要对频率估计进行归一化,使其成为一个密度函数的估计。直方图是最基本的非参数密度估计方法,有着广泛的应用。

以一元为例,假设有数据 $x_1, x_2, \cdots, x_n \in (a, b)$,对区间 $(a, b)$ 做如下划分,即 $a = a_0 < a_1 < a_2 < \cdots < a_k = b, I_i = [a_{i-1}, a_i), i = 1, 2, \cdots, k$。我们有:$\overset{k}{\underset{i=1}{Y}} I_i = [a, b), I_i \amalg I_j = \phi, i \neq j$,令 $n_i$ 为 $x_i$ 落在 $I_i$ 中数据的个数,我们如下定义直方图密度估计:

$$\hat{f}(x) = \begin{cases} \dfrac{n_i}{n(a_i - a_{i-1})} & x \in I_i \\ 0 & x \notin [a, b) \end{cases} \tag{2-1}$$

在实际运用中,我们经常取相同的区间,即 $I_i (i = 1, 2, \cdots, k)$ 的宽度均为 $h$,在此情况下,上式变为:

$$\hat{f}(x) = \begin{cases} \dfrac{n_i}{nh} & x \in I_i \\ 0 & x \notin [a, b) \end{cases} \tag{2-2}$$

其中,$h$ 既是归一化的参数,又表示每一组的组距,称为带宽或窗宽。另外,我们可以看到:

$$\int_a^b f(x)\,\mathrm{d}x = \sum_{i=1}^{k} \int_{I_i} n_i / (nh)\,\mathrm{d}x = \sum_{i=1}^{k} n_i / n = 1 \tag{2-3}$$

由于位于同一组内所有点的直方图密度估计均相等,因而直方图所对应的分布函数 $\hat{F}_h(x)$ 是单调增加的阶梯函数。这与经验分布函数形状类似。实际上,当分组间隔 $h$ 缩小到每一组中最多只有 1 个数据时,直方图的分布函数就是经验分布函数,即当 $h \to 0$ 时,$\hat{F}_h(x) \to \hat{F}_n(x)$。

## 2.1.2　最优窗宽

窗宽的选择是很重要的,窗宽太大会掩盖样本的很多特性,窗宽选得太小,会增加运算量。选择不同的窗宽,我们一般会得到不同的结果。选择合适的窗宽,对于得到较好的密度估计是很重要的,在计算最优窗宽前,我们定义 $F(x)$ 的平方损失风险为 $R(\hat{p}, p) = \int [\hat{f}(x) - f(x)]^2 \mathrm{d}x$。

**定理 2.1**　若 $\int f'(x)\mathrm{d}x < \infty$,则在平方损失风险下,有

$$R(\hat{p}, p) \approx \frac{h^2}{12} \int [f'(x)]^2 \mathrm{d}x + \frac{1}{nh} \tag{2-4}$$

极小化上式,得到理想窗宽为

$$h^* = \frac{1}{n^{1/3}} \left[ \frac{6}{\int f'(x)^2 \mathrm{d}x} \right] \tag{2-5}$$

于是理想窗宽为 $h = Cn^{-1/3}$。

证明:(略)。

一般在大多数情况下,我们不知道密度函数 $f(x)$,因此也不知道 $f'(x)$。对于理想窗宽 $h^* = \dfrac{1}{n^{1/3}} \left( \dfrac{6}{\int f'(x)^2 \mathrm{d}x} \right)$ 也无法计算,在实际操作中,经常假设 $f(x)$ 为一个标准正态分布,并进而得到一个窗宽 $h_0 \approx 3.5 n^{-1/3}$。

直方图密度估计的优势在于简单易懂,在计算过程中也不涉及复杂的模型计算,只需要计算 $I_j$ 中样本点的个数。另外,直方图密度估计只能给出一个阶梯函数,该估计不够光滑。另外一个问题是直方图密度估计的收敛速度比较慢。

## 2.1.3　多维直方图

直方图的密度定义公式很容易扩展到任意维空间。设有 $n$ 个观测点 $x_1, x_2, \cdots, x_n$,将空间分成若干个小区域 $R$,$V$ 是区域 $R$ 所包含的体积。如果有 $k$ 个点落入 $R$,则可以得到如下密度估计公式:

$$\hat{f}(x) = \frac{k/n}{V} \tag{2-6}$$

如果这个体积和所有的样本体积相比很小,就会得到一个很不稳定的估计,这时密度值局部变化很大,呈现多峰不稳定的特点;反之,如果这个体积太大,则会圈进大量样本,从而使估计过于平滑。在稳定与过度光滑之间寻找平衡就引导出下面两种可能的解决办法。

固定体积 $V$ 不变,它与样本总数呈反比关系即可。注意到在直方图密度估计中,每一个点的密度估计只与它是否属于某个 $I_i$ 有关,而 $I_i$ 是预先给定的与该点无关的区域。不仅如此,区域 $I_i$ 中每个点共有相等的密度,这相当于待估计点的密度取邻域 $R$ 的平均密度。现状以待估计点为中心,做体积为 $V$ 的邻域,令该点的密度估计与纳入该邻域中的样本点的多少呈正比,如果纳入的点多,则取密度大,反之亦然。这一点还可以进一步扩展下去,将密度估计补在局限于 $R$ 内的带内,而是将体积 $V$ 合理拆分到所有样本点对待估计点贡献的加权平均,同时保证距离远的点取较小的权,距离近的点取较大的权,这样就形成了核函数密度估计的基本思想。

固定 $k$ 值不变,它与样本总数呈一定关系即可。根据数据之间的疏密情况调整 $V$,这样就导致了另外一种密度估计方法——$k$ 近邻法。

## 2.2　非参数一维核密度估计

### 2.2.1　核函数的基本概念

通过直方图得到的密度估计不是一个光滑的函数,为了克服这个缺点,我们介绍核密度估计。先介绍一维的情况:

设 $\{x_1, x_2, \cdots, x_n\}$ 为离散的随机样本,单变量核密度估计为

$$\hat{f}(x) = \frac{1}{nh} \sum_{i=1}^{n} k\left(\frac{x - x_i}{h}\right) \tag{2-7}$$

式中:$\hat{f}(x)$ 为总体未知密度函数 $f(x)$ 的一个核估计;$k(\cdot)$ 为核函数;$h$ 为窗宽;$n$ 为样本容量。

为保证 $\hat{f}(x)$ 作为概率密度函数的合理性,既要保证其非负,又要保证积分的结果为 1,即要求 $k(x) \geq 0, \int K(x)\mathrm{d}x = 1$。

### 2.2.2　核函数理论性质

核函数的形状通常不是密度估计中最关键的因素,窗宽对模型光滑程度的影响作用较大。核密度估计既与样本有关,又与核函数及窗宽的选取有关。在给定样本以后,一个核密度估计的好坏,取决于核及窗宽的选取是否得当。核函数和窗宽的选择直接影响密度函数的估计精度。

如果窗宽 $h$ 非常大,将有更多的点对 $x$ 处的密度产生影响。由于分布是归一化的,即

$$\int \frac{1}{h} K\left(\frac{x - x_i}{h}\right) \mathrm{d}x = \int K(u)\mathrm{d}u = 1 \tag{2-8}$$

因而,距离 $x_i$ 较远的点也分担了对 $x$ 的部分权重,从而较近的点的权重减弱,距离远的和距离近的点权重相差不大。这样,$\hat{f}(x)$ 是 $n$ 个变化幅度不大的函数的叠加,因此 $\hat{f}(x)$ 非常平滑;反之,如果 $h$ 很小,则各点之间的权重由于距离的影响而出现大的落差,因

而 $\hat{f}(x)$ 是 $n$ 个以样本点为中心的尖脉冲的叠加,就好像是一个充满噪声的估计。

如何选择合适的窗宽,是核函数密度估计成功的关键。类似于定性数据联合分布的误差平方和的分解,理论上选择最优窗宽也是从密度估计与真实密度之间的误差开始的。

### 2.2.3 密度估计优良性标准

估计量 $\hat{f}(x)$ 的优良性的评价标准如下:

(1)偏差:
$$BIAS = E\hat{f}(x) - f(x) \tag{2-9}$$

(2)方差:
$$VAR = E[\hat{f}(x) - E\hat{f}(x)]^2 \tag{2-10}$$

(3)均方误差:
$$MSE = E[\hat{f}(x) - f(x)]^2 \tag{2-11}$$

(4)积分均方误差:

$$MISE = E\int [\hat{f}(x) - f(x)]^2 dx = \int [bias\hat{f}(x)^2 + var\hat{f}(x)]dx \text{ (也称 } L_2 \text{ 误差)} \tag{2-12}$$

核估计中一般选用积分均方误差 $L_2$ 作为衡量估计量 $\hat{f}(x)$ 的优良性的评价标准,它是 $\hat{f}(x)$ 的偏差平方与方差之和的积分。

### 2.2.4 核函数选择

(1)一般核函数属于对称的密度函数族 $P$,即核函数 $k(\cdot)$ 满足如下条件:

$$k(-x) = k(x); \quad k(x) \geq 0; \quad \int k(x)dx = 1 \tag{2-13}$$

从减小积分均方误差($L_2$)的角度来看,Silverman 及 Pracasa Rao 等指出 $P$ 族中不同核函数对减小积分均方误差没有明显差别,因此一般可根据其他需要(如计算方便)选定合适的核函数。后面的实例中就是考虑计算方便以及水文的特点,我们选用了指数函数作为核函数。

(2)核函数为高阶函数族 $H_s$,即其中核函数 $k(\cdot)$ 满足如下条件:

$$k(-x) = k(x); \quad \int k(x)dx = 1; \quad \sup |k(x)| \leq A < \infty; \tag{2-14}$$

$$\int x^i k(x)dx = 0, \quad i = 1,2,\cdots,s-1(s \text{ 为偶数}) \tag{2-15}$$

$$\int x^s k(x)dx \neq 0, \quad \int x^s |k(x)|dx < \infty \tag{2-16}$$

引入这种函数的道理是基于以下命题:

**命题** 1 设核函数 $k(\cdot) \in H_s$ 具有 $s$ 阶导数,则积分均方误差:

$$MISE(h) = \int_{-\infty}^{\infty} E[(\hat{f}(x) - f(x)]^2 dx$$

$$= \frac{1}{nh}\int k^2(x)dx + \frac{\alpha^2}{(s!)^2}h^{2s}\int [f^{(s)}]^2 dx + o\left(\frac{1}{nh} + h^{2s}\right) \tag{2-17}$$

其中
$$\alpha = \int_{-\infty}^{\infty} x^s k(x)dx \neq 0$$

从命题 1 可以看出,这种核函数的优势在于随着阶 $s$ 的增大,

$$\frac{\alpha^2}{(s!)^2}h^{2s}\int\left[f^{(s)}\right]^2\mathrm{d}x + o\left(\frac{1}{nh} + h^{2s}\right) \tag{2-18}$$

随之减小,进而积分均方差减小,不足是由它做成的核函数不是非负函数,进而不是密度函数。因此,在水文计算中,我们通常不选此类核函数。

### 2.2.5 最优窗宽的确定

#### 2.2.5.1 理论界定

当核函数是普通密度函数时,一维核密度估计量 $\hat{f}(x)$ 的积分均方误差近似为

$$MISE(h) = \frac{1}{4}h^4 k\alpha^2 \int_{-\infty}^{\infty}\left[f''(x)\right]^2\mathrm{d}x + n^{-1}h^{-1}\int_{-\infty}^{\infty}K^2(x)\mathrm{d}x \tag{2-19}$$

从而可以得到这种意义下的最优窗宽表达式:

$$h_{\text{opt}} = \alpha^{-\frac{2}{5}}\left[\int K^2(x)\mathrm{d}x\right]^{\frac{1}{5}}\left[\int\left[f''(x)\right]^2\mathrm{d}x\right]^{-\frac{1}{5}}n^{-\frac{1}{5}} \tag{2-20}$$

由此可以看出:

(1)最优窗宽应随样本的增大而不断减小,且速度为 $o(n^{-\frac{1}{5}})$。

(2) $f''(x)$ 反映密度函数的震动速率,剧烈震动的密度函数应对应较小的最优窗宽。

(3)表达式中含有未知量 $f''(x)$,因此无法得到具体的窗宽数值。

#### 2.2.5.2 窗宽的选择

窗宽的选择一般分为固定窗宽和变窗宽。

(1)固定窗宽:就是在每一个拟合点取等窗宽,缺点是所估计量不能充分利用变量 $X$ 的设计密度所提供的信息,且对复杂曲线的拟合效果欠佳。

(2)变窗宽:有局部变窗宽和全局变窗宽两类。局部变窗宽 $h(x_0)$ 随位置 $x_0$ 的变化而变化,全局变窗宽 $h(x_j)$ 随数据点 $x_j$ 的变化而变化。变窗宽的引入可以反映不同点的光滑程度,降低拟合曲线在峰顶区域的偏差以及尾部区域的方差,提高拟合曲线的灵活性,适用于空间非齐次曲线的拟合,例如交叉证实法 Cross-Validation(CV)。

前面提到的窗宽选择需要对估计的密度函数有一定的假设,而 CV 法是一种数据本源(data based)方法,不需要对估计密度函数假设,而是从现有的数据直接得到合理的窗宽。由样本 $\{X_1, X_2, \cdots, X_n\}$ 做缺值估计:

$$f_{h,i}(X_i) = (n-1)^{-1}h^{-1}\sum_{j\neq i}K\left[(X_i - X_j)/h\right] \tag{2-21}$$

根据极大似然法则,好的估计 $h$ 应使 $\prod_{i=1}^{n}f_{h,j}(X_i)\hat{=}CV(h)$ 达到极大。因此,寻找好的窗宽就是确定函数 $CV(h)$ 的极大值点,可用数值方法得到。

但是,当核函数不是密度函数时,估计量已经不是密度函数,进而不能用极大似然的思想求得,我们可以由以下最小平方差的思想 LSCV(Least Square CV)求之,算出积分平方差 ISE(Integrated Square Error):

$$\int(\hat{f} - f)^2(x)\mathrm{d}x = \int\hat{f}^2(x)\mathrm{d}x - 2\int(\hat{f} \times f)(x)\mathrm{d}x + \int f^2(x)\mathrm{d}x$$

$$= n^{-2}h^{-1} \sum_{i=1}^{n} \sum_{j=1}^{n} K \cdot K[(X_i - X_j)/h] - 2\int (\hat{f} \times f)(x)\,\mathrm{d}x + \int f^2(x)\,\mathrm{d}x \qquad (2\text{-}22)$$

好的密度估计函数应对应较小的 ISE,或

$$\mathrm{d}(h) = n^{-2}h^{-1} \sum_{i=1}^{n} \sum_{j=1}^{n} K \cdot K[(X_i - X_j)/h] - 2\int (\hat{f} \times f)(x)\,\mathrm{d}x$$

$$= n^{-2}h^{-1} \sum_{i=1}^{n} \sum_{j=1}^{n} K \cdot K[(X_i - X_j)/h] - 2E\hat{f} \qquad (2\text{-}23)$$

LSCV 的方法得到的合理窗宽是以 $\dfrac{1}{n}\sum_{i=1}^{n}f_{h,j}(X_i)$ 代替 $E\hat{f}$,取下面函数的极小值点

$$CV(h) = n^{-2}h^{-1} \sum_{i=1}^{n} \sum_{j=1}^{n} K \cdot K[(X_i - X_j)/h] - 2\sum_{i=1}^{n}f_{h,j}(X_i) \qquad (2\text{-}24)$$

可以得到"最优"窗宽。但是在实践中常会出现不够光滑的现象,而且这种窗宽的计算量太大,占用的时间太长,因而,下面给出简便可行的方法。

#### 2.2.5.3　确定最优窗宽的具体方法

真实窗宽是指被估计的密度函数完全已知时得到的估计量的窗宽。从式(2-20)可以看出未知量只有 $\int [f''(x)]^2\mathrm{d}x$,当 $f(x)$ 已知时,不难算出积分值。表 2-1 给出以均匀核为密度函数,样本容量 $n=1\,000$ 时,拟合不同密度函数时各自窗宽的计算结果。

表 2-1　拟合不同密度函数时各自窗宽的计算结果

| 被估密度函数 | 标准正态 | 标准对数正态 | $T$ 分布 ($n=4$) | 混合正态分布 |
| --- | --- | --- | --- | --- |
| 真实窗宽 | 0.23 | 0.26 | 0.32 | 0.13 |
| 估计窗宽 | 0.21 | 0.23 | 0.27 | 0.10 |

对于未知量 $\int [f''(x)]^2\mathrm{d}x$,如果 $f(x)$ 近似正态分布,则 $\int [f''(x)]^2\mathrm{d}x \approx 0.212\sigma^{-5}$,代入式(2-14)得到最优窗宽的近似值 $h_0 = 1.06\hat{\sigma}n^{-\frac{1}{5}}$。

# 2.3　多维核密度估计

## 2.3.1　多维核密度估计

以上是一维核密度估计,下面我们考虑多维情况下的核密度估计。

假设数据 $x_1, x_2, \cdots, x_n$ 是 $d$ 维向量,并取自一个连续分布 $f(x)$,在任意点 $x$ 处的一种核密度估计定义为

$$\hat{f}(x) = \frac{1}{nh^d} \sum_{i=1}^{n} k\left(\frac{x - x_i}{h}\right) \qquad (2\text{-}25)$$

式中: $\hat{f}(x)$ 为一个 $d$ 维随机变量的密度函数; $k(\cdot)$ 为定义在 $d$ 维空间上的核函数。

对于核函数的选择,我们经常选取对称的多维密度函数来作为核函数。例如,可选多维标准正态密度函数,还有以下常用的几种核函数:

$$K_1(x) = (2\pi)^{-d/2}\exp(-x^T x/2)$$
$$K_1(x) = (2\pi)^{-d/2}\exp(-x^T x/2)$$
$$K_2(x) = 3\pi^{-1}(1-x^T x)^2 I(x^T x < 1)$$
$$K_3(x) = 4\pi^{-1}(1-x^T x)^3 I(x^T x < 1)$$
$$K_e(x) = \frac{1}{2}c_d^{-1}(d+2)(1-x^T x)^2 I(x^T x < 1)$$

(2-26)

$K_e$ 被称为多维 Epanechinikow 核函数,其中 $c_d$ 是一个与维度有关的常数,$c_1 = 2$,$c_2 = \pi$,$c_3 = 4\pi/3$。

上述多维密度估计中,我们只用了 1 个窗宽参数 $h$,这意味着在不同方向上,我们取的窗宽是一样的。事实上,我们可以对不同方向取不同的带宽参数,即

$$\hat{f}(x) = \frac{1}{nh_1 h_2 \cdots h_d}\sum_{i=1}^n k\left(\frac{x-x_i}{h}\right) \tag{2-27}$$

其中,$h = (h_1, h_2, \cdots, h_d)$ 是一个 $d$ 维向量。在实际数据中,有时候一个维度上的数据比另一个维度上的数据分散得多,这个时候上述的核函数就起到作用了。例如,数据在一个维度上分布在 $(0,100)$ 区间上,而另一个维度上仅仅分布在区间 $(0,1)$ 上,这时候采用不同窗宽的多维核函数就比较合理了。

## 2.3.2  $k$ 近邻估计

Parzen 窗宽估计一个潜在的问题是每个点都选用固定的体积。如果窗宽定得过大,则那些分布较密的点由于受到过多点的支持,使得本应该突出的尖峰变得扁平;而对于另一些相对稀疏的位置或离群点,则可能因为体积设定过小,而没有样本点纳入邻域,从而使密度估计为零。虽然可能选择像正态密度等一些连续核函数,能够在一定程度上弱化该问题,但很多情况下并不具有实质性的突破,仍然没有一个标准指明应该按照哪些数据的分布情况制定窗宽。一种可行的解决方法就是让体积成为样本函数,不硬性规定窗宽数为全体样本个数的某个函数,而是固定贡献的样本点数,以点 $x$ 为中心,令体积扩张,直到包含进 $k_n$ 个最近邻。用停止时的体积定义估计点的密度如下:

$$\hat{f}_n(x) = \frac{k_n/n}{V_n} \tag{2-28}$$

如果在点 $x$ 附近有很多样本点,那么这个体积就相对较小,得到很大的概率密度;如果在点 $x$ 附近样本点很稀疏,那么这个体积就会变大,直到进入某个概率密度很高的区域,这个体积就会停止生长,从而概率密度比较小。

如果样本点增多,则 $k_n$ 也会相应大,以防止 $V_n$ 快速增大导致密度趋势于无穷,我们还希望 $k_n$ 的增加能够足够慢,使得为了包含进 $k_n$ 个样本的体积能够逐渐地趋于零。在选择 $k_n$ 方面,Fukunaga 和 Hosterler 给出了一个计算 $k_n$ 的公式。对于正态分布而言:

$$k = k_0 n^{4/(d+4)} \tag{2-29}$$

式中:$k_0$ 为常数,与样本量 $n$ 和空间维度 $d$ 无关。

与核函数一样,$k_n$ 近邻估计同样存在维度问题,此外,虽然 $\hat{f}(x)$ 是连续的,但 $k$ 近邻

密度估计的梯度却不一定连续。$k_n$ 近邻估计需要的计算量相当大,同时还要防止 $k_n$ 增加过慢导致密度估计扩散到无穷。这些缺点使得用 $k_n$ 近邻法产生密度并不多见,$k_n$ 近邻法更常用于分类问题。

# 2.4　非参数密度变换理论

## 2.4.1　非参数密度函数估计的小样本性能

小样本时,函数的估计性能与函数形状有关。对于某个具体的估计方法和均方积分误差准则($L_2$ 误差),可以证明存在"最佳函数"使其函数的 $L_2$ 误差最小。若一组样本的真实函数是"最佳函数",则称这样的样本为"最佳样本"。变换估计就是对原样本变换,逐渐逼近"最佳样本"。

衡量函数估计性能的量通常是估计的偏差和方差,或者是与这两个量有关的其他量。一个好的估计希望偏差和方差都尽量小。然而在函数的非参数估计中,这两个要求往往是矛盾的。本书只讨论核估计中偏差和方差的矛盾。核估计通常包括两个步骤:先构造无偏估计量,然后在无偏估计的基础上平滑以减少方差。密度核估计是以样本为中心构造核函数,如果窗宽足够小则核估计接近无偏估计。然而,为了减少方差又需要较大的窗宽。

引起方差的原因是样本的随机性,减少方差最常用的方法是用多个样本加权平均后代替一个样本用于估计。在分布函数估计中,分布函数的无偏估计点和样本点对应,减少方差的办法是用多个相邻无偏估计点的加权平均代替一个函数的估计点。进行平滑运算时,样本或无偏估计点的随机性能部分被平均掉,但是把各点的真实值也拿来平均,可能产生较大的偏差。如果函数相邻点的真实值相差较大,平滑时引起的偏差也较大。如果待估计的真实函数存在峰点,平滑可能削掉峰点。估计的无偏性要求与最小方差要求的矛盾在于:为了减少方差,希望用于平均的点越多越好,按二项分布的概率公式,样本点越多,并且越随机地交替偏离平均值,这样事件发生的概率越大。因此,平均的点越多,随机性被平滑的概率越大,也就是估计的方差越小。然而,为了减少平滑引起的偏差,希望用于平滑的点越少越好,以避免各点的真实函数值不同而产生平滑偏差。

大样本情况是非参数函数估计的最理想情况。大样本时样本稠密,在很小的区间内,可以取到相当多的点平滑,以充分减少随机性引起的方差,同时由于区间很小,各点的函数真实值相差很小,平滑引起的偏差小,容易保持估计的无偏性。目前,要解决的问题是如何在样本较小的情况下获得较好的估计。样本较小时,估计的方差不可能减小到零,因为即使用全部样本平均,方差也不会为零。但是在小样本或样本有限时,可以用变换估计的方法克服无偏性和最小方差要求的矛盾。可以先对样本进行变换得到新样本,新样本对应的函数曲线比较平缓,估计点的真实值相差很小,可以用较多的点平滑,不致产生太大的偏差。

## 2.4.2　变换函数的基本条件

变换估计包括两次变换,第一次是将原样本变换成新样本,第二次是将新样本的函数估计反变换回原样本的估计。变换本身不产生随机误差,只要新样本的函数估计精度高于原样本,变换估计就能提高估计精度。

变换估计最重要的是变换函数,不同的函数估计有不同的变换函数,但各种变换都应满足以下两个基本条件:

(1)正反变换函数应是连续光滑函数,并且一一对应。

(2)变换函数是非线性函数。

光滑性要求对于正变换来说,保证了新样本具有原样本的随机性,对新样本的函数估计平滑减小方差等同于减少原样本随机性的影响。对反变换来说,若新样本的函数估计是连续光滑函数,反变换回去后原样本的函数估计也是连续光滑函数。另外,变换估计应当高于小样本的估计性能,改善估计精度,所以简单地对样本进行位置平移和刻度变换不能改善估计精度,变换函数只能是非线性函数。

## 2.4.3　变换核估计的迭代算法需满足的条件

用核估计方法对密度函数和回归函数进行估计时,通常用积分均方误差衡量估计性能,即存在一个"最佳函数",当样本的真实函数是最佳函数时,核估计的积分均方误差最小。可以证明最佳函数是存在的,以密度估计为例,$L_2$ 误差是待估计密度函数的二次凸泛函,存在一个最佳密度,使其 $L_2$ 误差最小,用变分法可以求出这个最佳密度。$L_2$ 误差是偏差的平方与方差和的积分。偏差和方差小,$L_2$ 误差也就小。对于回归函数,最佳函数是水平直线,但是对于密度函数要满足面积为 1 这个规一条件,因而最佳密度函数是二次函数。

最佳函数对应的样本称为最佳样本。如果知道原样本的真实函数,根据原样本函数和最佳样本函数关系,可以找到最佳变换函数,将原样本变换成最佳样本。一般原样本的函数是不知道的,但是我们可以用原样本函数的估计值代替真实值,用估计得到的变换函数,虽然不能将原样本变成最佳样本,但能逼近最佳样本。因此,变换估计是一个迭代过程,每一个迭代包含正反两次变换,通过迭代使精度逐步提高,最后接近最佳样本的估计精度。

变换函数除了要满足前面给出的两个基本条件,还要保证迭代是收敛的。因而,迭代过程必须满足:完全相容性、精度单调性、误差不能积累。可以证明满足两个基本条件的变换函数也满足完全相容性、精度单调性、误差不能积累。以下做简要说明:

(1)完全相容性:假设第 $k$ 次达到了稳定的最佳估计,则第 $k$ 次新样本的函数估计逼近最佳函数,此时的变换函数逼近线性变换。而线性变换不改变估计精度,于是在第 $k$ 次迭代估计上得到的线性变换函数使第 $k+1$ 次迭代的估计精度同第 $k$ 次迭代的精度一样。

(2)变换估计的精度随新样本逼近最佳样本而单调上升:$L_2$ 误差是待估计函数的二次凸泛函,当待估计函数是最佳函数时,$L_2$ 误差有唯一的极小值点。

(3)误差不积累:每次迭代时进行的样本变换,只能从原样本变换成各次新样本,不能从中间样本变换成下一组新样本。

关于迭代停止的判断问题,可以在每次迭代后,检查新样本的函数估计与最佳函数的平方积分差,若差距小于门限便停止迭代,门限值可选为略大于最佳样本的函数估计精度。

## 2.4.4　变换核估计误差及收敛性

非参数密度估计有许多估计方法,变换运算可以和这些方法结合,构成变换密度估计。

设 $X_1, X_2, \cdots, X_n$ 是独立同分布样本,密度函数为 $f(x)$。对样本进行变换得新样本:

$$Y_i = T(X_i) \tag{2-30}$$

其中,变换 $T$ 满足变换的基本条件。因此,$T$ 是一元波雷尔函数,所以新样本 $Y_1, Y_2, \cdots, Y_n$ 也是独立同分布样本。

设新样本 $Y_i$ 的密度函数是 $g(y)$,随机变量 $X, Y$ 的关系满足式(2-30),则 $f(x)$ 和 $g(y)$ 的关系是

$$f(x) = |T'(x)| g[T(x)] \tag{2-31}$$

可以证明,当 $\hat{g}_n(y)$ 是用新样本 $Y_1, Y_2, \cdots, Y_n$ 得到的密度估计,并且 $\hat{g}_n(y) \xrightarrow{n \longrightarrow \infty} g(y)$,则

$$\hat{f}_n(x) = |T'(x)| \hat{g}_n[T(x)] \tag{2-32}$$

可作为原密度 $f(x)$ 的估计,且满足 $\hat{f}_n(x) \xrightarrow{n \longrightarrow \infty} f(x)$。

由以上结论可知,对新样本进行密度估计,只要这个方法有较好的收敛性,式(2-32)就可以得到原密度函数的收敛估计。下面推导密度的变换估计的 $L_2$ 误差。

由式(2-31)得

$$MISE(\hat{f}) = E\int[\hat{f}(x) - f(x)]^2 dx = E\int |T'(x)|^2 \{\hat{g}[T(x)] - g[T(x)]\}^2 dx$$

将积分变量 $x$ 换为 $y$ 并记:

$$w(y) = |T'[T^{-1}(y)]|^2 / T'[T^{-1}(y)] \tag{2-33}$$

则

$$MISE(\hat{f}) = E\int[\hat{f}(x) - f(x)]^2 dx = \int w(y) E[\hat{g}(y) - g(y)]^2 dy \tag{2-34}$$

**命题 2**　变换核估计的 $MISE$ 的渐近表达式是

$$MISE(\hat{f}) = \frac{1}{4}h^4 k_2^2 \int w(y) g'(y)^2 dy + \frac{1}{nh}\int w(y) g(y) dy \int k(t)^2 dt \tag{2-35}$$

其中

$$k_2 = \int t^2 k(t) dt > 0$$

证明:根据式(2-33),变换核估计的 $MISE$ 可表示为 2 个误差积分项的和:

$$MISE(\hat{f}) = \int w(y)[E\hat{g}(y) - g(y)]^2 dy + \int w(y) \text{var}\hat{g}(y) dy \tag{2-36}$$

先计算第一个积分,因为

$$E\hat{g}(y) = \frac{1}{nh}\sum_{i=1}^{n} Ek\left(\frac{y - Y_i}{h}\right)$$

$$E\hat{g}(y) = \frac{1}{h}\int k\left(\frac{y-v}{h}\right)g(v)\,\mathrm{d}v \qquad (2\text{-}37)$$

所以第一个积分,即估计偏差为

$$bias(y) = E\hat{g}(y) - g(y) = \frac{1}{h}\int k\left(\frac{y-v}{h}\right)g(v)\,\mathrm{d}v - g(y)$$

做变量代换,令 $t = \frac{y-v}{h}$,有

$$bias(y) = \int k(t)\left[g(y-ht) - g(y)\right]\mathrm{d}t \qquad (2\text{-}38)$$

对 $g(y-ht)$ 进行泰勒展开

$$g(y-ht) = g(y) - htg'(y) + \frac{1}{2}h^2t^2g''(y) + \cdots \qquad (2\text{-}39)$$

由于核函数 $k(\cdot)$ 是对称的密度函数,满足

$$\int k(t)\,\mathrm{d}t = 1, \quad \int tk(t)\,\mathrm{d}t = 0, \quad \int t^2k(t)\,\mathrm{d}t = k_2 \qquad (2\text{-}40)$$

将泰勒展开式和式(2-39)代入式(2-38)得

$$bias(y) = \frac{1}{2}h^2g''(y)k_2 + o(h^2) \qquad (2\text{-}41)$$

则第一个积分近似为

$$\int w(y)bias(y)^2\,\mathrm{d}y \approx \frac{1}{4}h^4k_2^2\int w(y)g''(y)^2\,\mathrm{d}y \qquad (2\text{-}42)$$

再计算第二个积分,因为

$$\mathrm{var}\hat{g}(y) = \frac{1}{nh^2}\int k\left[\frac{y-v}{h}\right]g(v)\,\mathrm{d}v - \frac{1}{n}\left[g(y) + bias(y)\right]^2$$

$$= \frac{1}{nh}\int k(t^2)g(y-ht)\,\mathrm{d}t - \frac{1}{n}\left[g(y) + o(h^2)\right]$$

$$= \frac{1}{nh}g(y)\int k(t^2)\,\mathrm{d}t + o(n^{-1}) \approx \frac{1}{nh}g(y)\int k(t)^2\,\mathrm{d}t \qquad (2\text{-}43)$$

所以第二个积分为

$$\int w(y)\mathrm{var}\hat{g}(y)\,\mathrm{d}y \approx \frac{1}{nh}\int k(t)^2\,\mathrm{d}t\int w(y)g(y)\,\mathrm{d}y \qquad (2\text{-}44)$$

将式(2-42)和式(2-44)合并即得 $MISE$ 的渐近表达式,对 $MISE$ 求极小,即可得到最佳窗宽和对应的 $MISE$。

**命题3** 变换核估计的最佳窗宽和最小均方误差为

$$h_0 = k_2^{-2/5}\left[\int k(t)^2\,\mathrm{d}t\right]^{1/5}\left[\int w(y)g(y)\,\mathrm{d}y\right]^{1/5} \cdot \left[\int w(y)g''(y)^2\,\mathrm{d}y\right]^{-1/5}n^{-1/5} \qquad (2\text{-}45)$$

$$MISE(\hat{f}) = \frac{5}{4}C(k)\left[\int w(y)g(y)\,\mathrm{d}y\right]^{4/5} \cdot \left[\int w(y)g''(y)^2\,\mathrm{d}y\right]^{1/5}n^{-4/5} \qquad (2\text{-}46)$$

其中:

$$C(k) = k_2^{2/5} \left[ \int k(t)^2 \mathrm{d}t \right]^{4/5}$$

证明:(略)

由命题 3 可以证明变换核估计的收敛性和迭代算法的收敛性,下面分别说明。

(1)变换核估计的收敛性。

由式(2-19)知:

$$w(y) = |T'(x)|^2 / T'(x)$$

不妨设 $T'(x) > 0$,于是

$$w(y) = f(x)/g(y), \quad T'(x) > 0 \tag{2-47}$$

又因为 $\mathrm{d}y = T'(x)\mathrm{d}x$,所以

$$\begin{aligned}
g'(y) &= \frac{\mathrm{d}g(y)}{\mathrm{d}y} = \frac{\mathrm{d}}{\mathrm{d}x}[f(x)/T'(x)]\frac{\mathrm{d}x}{\mathrm{d}y} \\
&= \frac{f'(x)}{T'(x)^2} - \frac{T''(x)f(x)}{T'(x)^3}
\end{aligned}$$

$$\begin{aligned}
g''(y) &= \frac{1}{T'(x)}\left\{ \frac{f''(x)}{T'(x)} - \frac{1}{T'(x)^2}\left[ 3T''(x)f'(x) + T'''(x)f(x)\frac{3}{T'(x)^3}T''(x)^2 f(x) \right] \right\} \\
&= f_1(x)/T'(x) \tag{2-48}
\end{aligned}$$

$T'(x) > 0$ 将式(2-46)、式(2-47)、式(2-48)代入式(2-45)有

$$MISE(\hat{f}) = \frac{5}{4}C(k)\left[ \int T'(x)f(x)\mathrm{d}x \right]^{4/5} \cdot \left[ \int_I f_1(x^2)\mathrm{d}x \right]^{1/5} n^{-4/5} \tag{2-49}$$

式(2-49)只要满足 $T'(x) > 0$,$|f^{(i)}(x)| < \infty$ $(i=0,1,2)$,由式(2-36)可知变换核估计是收敛的,且收敛速度为 $n^{-4/5}$。

(2)迭代算法的收敛性。

由式(2-45)、式(2-49)知,$MISE$ 是密度函数 $f(x)$ 和变换函数 $T(x)$ 的二次凸泛函,从而可知迭代算法的精度单调性。

## 2.4.5　最佳密度和变换函数

非变换核估计的积分均方误差 $MISE$ 与待估计的密度函数 $f(x)$ 有关,可以找到一个最佳密度函数 $f_o(x)$ 使其 $MISE$ 误差最小。不妨假设核函数是对称函数,$f_o(x)$ 的定义域为 $[-a,a]$,$a \in (0,\infty)$,则

$$f_o(x) = f_o(-x), \quad f(-a) = f(a) = 0 \tag{2-50}$$

**命题 4**　均方积分误差 $MISE$ 最小的最佳密度函数是

$$f_o(x) = \frac{3}{4a}\left( 1 - \frac{x^2}{a^2} \right), \quad |x| \leqslant 1 \tag{2-51}$$

证明:由核估计的均方积分误差 $MISE$ 表达式(2-12)可知,使 $\int f''(x)^2 \mathrm{d}x$ 取极小值可以求出最佳密度函数。

做泛函:

$$J(f) = \int_{-a}^{a} f''(x)^2 \mathrm{d}x \tag{2-52}$$

满足边界条件

$$\left.\begin{array}{c} f(x) = f(-x) \\[2mm] f(-a) = f(a) \\[2mm] f(x) \geq 0, \quad \int_{-a}^{a} f(x)\,\mathrm{d}x = 1 \end{array}\right\} \tag{2-53}$$

可以解出最佳密度函数 $f_o(x)$ 满足 4 阶微分方程:

$$f_o^{(4)}(x) = 0 \tag{2-54}$$

其解为

$$f_o(x) = c_1 x^3 + c_2 x^2 + c_3 x + c_4 \tag{2-55}$$

由边界条件可得待定系数: $c_1 = c_3 = 0, c_2 = -\dfrac{3}{4}a^3, c_4 = \dfrac{3}{4}a$，将其代入式(2-55)即可得证。

前面提到线性变换不改变估计精度,也就是说,对原样本做简单的平移和刻度变换不能改变精度。例如:将样本 $X_i$ 简单扩展,似乎 $f''(x)$ 变小了,新样本精度提高了,但是反变换回去时要收缩成原样本的估计,误差又被"浓缩"了,这表现在误差公式中通过误差权函数 $w(y)$ 简单地乘以扩大的倍数,所以可以将变换用的最佳密度函数归一化,令 $a = 1$,则最佳密度函数简化为

$$g(y) = \begin{cases} \dfrac{3}{4}(1 - y^2) & |y| \leq 1 \\[3mm] 0 & 其余 \end{cases} \tag{2-56}$$

今后我们就采用式(2-56)作为变换核估计的最佳密度函数。有了最佳密度就可以求出变换函数。

设 $f(x)$ 和 $g(y)$ 的分布函数分别是 $F(x)$ 和 $G(y)$,由概率论知密度函数变换时分位点相互对应,即设 $x_p$、$y_p$ 分别为 $f(x)$ 和 $g(y)$ 的 $P$ 分位点,有

$$F(x_p) = P = G(y_p) \tag{2-57}$$

由于 $x_p$、$y_p$ 的任意性,两个密度函数 $f(x)$ 和 $g(y)$ 互成变换关系时,必须满足 $F(x) = G(y)$ 从而解出变换函数

$$y = T(x) = G^{-1}[F(x)] \tag{2-58}$$

**命题 5**　对于最佳密度函数,变换函数为

$$T(x) = 2\cos\left\{\frac{1}{3}\arccos[1 - 2F(x)] + 240°\right\} \tag{2-59}$$

由前面公式推导式(2-33)知,变换函数的导数绝对值是

$$|T'(x)| = f(x)/g(y) \tag{2-60}$$

证明:式(2-56)给出的最佳密度函数所对应的分布函数是

$$G(y) = \frac{1}{4}(-y^3 + 3y + 2), \quad |y| \leq 1 \tag{2-61}$$

求反函数 $G^{-1}(y)$ 要解 3 次代数方程。根据上式的 3 次多项式各系数之间的关系,3

次代数方程的 3 个解可以用比较简单的三角函数式表达:

$$y_1 = 2\cos\theta$$

$$y_2 = 2\cos(\theta + 120°)$$

$$y_3 = 2\cos(\theta + 240°)$$

$$\theta = \frac{1}{3}\arccos[1 - 2G(y)]$$

$(2\text{-}62)$

考虑这 3 个解的取舍,由于分布函数 $G(y)$ 的值在 $0 \sim 1$,$\theta$ 的值将在 $0° \sim 60°$,各解的取值范围是 $y_1:2 \sim 1$;$y_2:-2 \sim -1$;$y_3:-1 \sim 1$。

因为最佳密度函数的定义域是 $[-1,1]$,所以只取 $y_3$ 作为变换函数,再将 $G(y)$ 换成 $F(x)$,就证明了式(2-62)。

为了直观起见,图 2-1 说明了样本变换法。

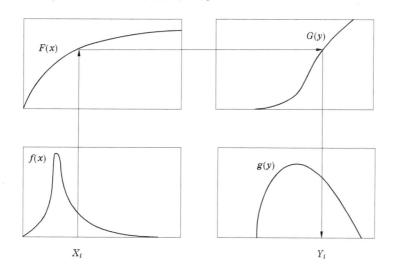

**图 2-1　样本变换示意图**

## 2.4.6　迭代算法

命题 5 给出的变换函数 $T(x)$ 是 $F(x)$ 的函数,而 $F(x)$ 是未知待估函数,我们可以用估计值 $\hat{F}(x)$ 代替 $F(x)$。只要 $\hat{F}(x)$ 多少能够反映 $F(x)$ 的大致形状,变换后的新样本就比原样本更接近最佳样本,从而提高估计精度。用 $\hat{F}(x)$ 代替 $F(x)$ 构成了迭代运算,迭代的第一步是对原样本 $X_i$ 进行密度估计得到初始估计 $\hat{f}_1(x)$;并对 $\hat{f}_1(x)$ 进行数值积分得到初始分布函数估计 $\hat{F}(x)$,对初始估计的要求是有足够的光滑性,以便使新样本保持原样本的随机性。

迭代算法步骤如下:

(1)变换核估计的初始估计。

$$\hat{f}_1(x) = \frac{1}{nh}\sum_{i=1}^{n} k\left(\frac{x - x_i}{h_x}\right) \tag{2-63}$$

$$\hat{F}_1(x) = \int_{-\infty}^{x} \hat{f}_1(u)\,\mathrm{d}u \tag{2-64}$$

这里的窗宽 $h_x$ 可以按前面介绍的方法选取。

（2）变换核估计的迭代算法。

$$\left.\begin{aligned}
&T_l(x) = 2\cos\left\{\frac{1}{3}\arccos[\,1 - 2\hat{F}_l(x)\,] + 240°\right\} \\
&|T_l(x)| = \hat{f}_l(x)/g[\,T_l(x)\,] \\
&Y_{l,i} = T_l(x_i) \\
&\hat{g}_l(y) = \frac{1}{nh}\sum_{i=1}^{n} k\left(\frac{y - Y_{l,i}}{h}\right) \\
&\hat{f}_{l+1}(x) = |T'_l(x)|\hat{g}_l[\,T_l(x)\,] \\
&\hat{F}_{l+1} = \int_{-\infty}^{x} \hat{f}_{l+1}(x)\,\mathrm{d}x
\end{aligned}\right\} \tag{2-65}$$

其中，迭代次数 $l = 1, 2, \cdots$。

（3）迭代门限的确定。

变换估计本身提供了很好的迭代停止判决方法。迭代过程中，随着估计精度逐步提高，新样本的密度函数估计逐步逼近最佳密度函数，当两者的差别低于门限时，迭代就停止。所以，每迭代一次，应计算新样本的密度函数之差，判断是否低于门限值，用 $\mathrm{d}(g_l, g)$ 表示。即

$$\mathrm{d}(g_l, g) = \int [\,\hat{g}_l(x) - g(y)\,]^2 \mathrm{d}y \tag{2-66}$$

门限的大小与最佳样本的估计精度一致，由式（2-31）可知

$$MISE = \frac{5}{4}\left(\frac{9}{2}\right)^{1/5} c(k) n^{-4/5} \tag{2-67}$$

# 2.5　模拟检验

## 2.5.1　核函数对估计误差的影响

前面已经指出，不同的核函数的估计量的影响在实践中不大，为验证该理论，我们用计算机生成 500 个服从对数正态分布的随机数，分别以不同的核函数作为密度估计量，为了便于比较，取同样的窗宽，并做其图形，考察这些模拟图形对理论对数正态密度函数的拟合情况。在模拟中分别取以下核函数：

（1）均匀核函数：　　　　　$k(x) = \begin{cases} 1 & -1 \leqslant x \leqslant 1 \\ 0 & \text{其他} \end{cases} \tag{2-68}$

（2）指数核函数：　　　　$k(u) = \dfrac{1}{2}\lambda e^{-\lambda|u|}$　　　$-\infty \leqslant u \leqslant \infty$　　　　　(2-69)

（3）cauchy 核函数：　　　　$k(x) = \dfrac{1}{\pi(1+x^2)}$　　　　　(2-70)

（4）EV1 核函数：　　　$k(x) = \exp\left[-x^2 - \exp(-x^2)\right]$　　　　　(2-71)

图 2-2～图 2-5 中光滑曲线是对数正态密度曲线，其余曲线是分别以上述核为函数的模拟曲线。

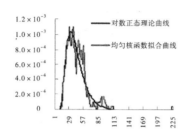

图 2-2　均匀核函数拟合曲线

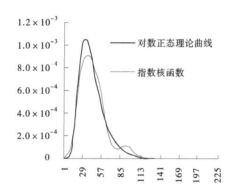

图 2-3　指数核函数拟合曲线

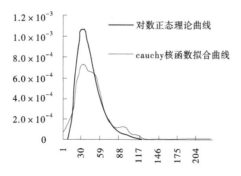

图 2-4　cauchy 核函数拟合曲线

从模拟的结果可以看出，均匀核函数模拟曲线不够光滑，指数核函数最好，其他核函数曲线比较光滑，差别也不太多。

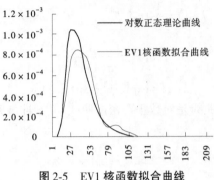

**图 2-5　EV1 核函数拟合曲线**

### 2.5.2　窗宽对模拟结果的影响

为了考证不同窗宽对密度估计的影响,以下模拟以对数正态密度曲线为所要估计的曲线,以指数核(2)为核函数,分别取四种依次递增窗宽(1,2,3,5)进行了模拟。从图 2-6~图 2-9 中可以看出,随着窗宽的增大,模拟曲线也越光滑,所以窗宽的选择对估计结果有较大的影响。

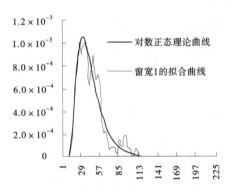

**图 2-6　不同窗宽 1 的比较**

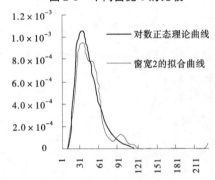

**图 2-7　不同窗宽 2 的比较**

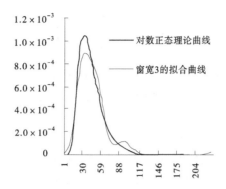

图 2-8　不同窗宽 3 的比较

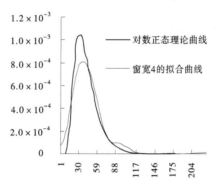

图 2-9　不同窗宽 4 的比较

### 2.5.3　样本变换后估计精度的改善

以下模拟是对样本的原始数据进行了变换运算,随着迭代次数的增加,曲线越来越接近原始数据,提高了估计精度,如图 2-10 所示。

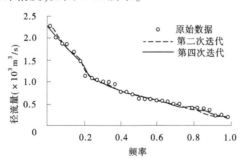

图 2-10　变换示意图

# 2.6　本章小结

　　本章首先分析了非参数核估计方法中的核函数和窗宽的选择问题,并针对不同的核函数、窗宽对估计结果产生的影响进行了模拟研究。结果表明,核函数的选取对估计结果影响不大,而窗宽的选取却是非常重要的,它决定着估计的精度。最优窗宽应当使统计量的积分均方差($MISE$)最小,这就需要解决同时减少偏差和方差的矛盾。对于小样本,由于样本容量较少,点子比较稀,任何窗宽都难以保证使偏差和方差同时达到最小,因而窗宽的选择虽然有了一定的进展,但一直是悬而未决的难题。然后,从理论上论证了非参数变换核估计,证明了其可行性、收敛性等。变换核估计实际上是迭代过程,包括样本变换、新样本函数估计和函数反变换。迭代过程中,新样本逐步逼近最佳样本,最佳样本对应的最佳函数有较高的估计精度。一般来说,最佳函数比较平缓,平滑偏差小,从而可以取较大窗宽使方差也较小。变换估计克服了非参数法针对差的缺点,降低了窗宽选取对结果的影响。

　　本章的创新点在于把变换理论与非参数统计理论结合起来,尝试把适用于大样本的非参数统计方法应用于小样本,为解决水文学中的实际问题提供了理论基础。

# 第 3 章　非参数回归及变换理论

## 3.1　一元非参数回归

在实际中,我们经常要研究 2 个变量 $X$ 与 $Y$ 的函数关系,最基本的情况是用 1 个一元线性回归描述二者的关系。如果一元线性关系不成立,比如:当回归函数可能存在非线性,误差非正态或不独立时,可能会考虑通过修改模型结构或用类似于非参数系数估计法估计参数,这样都可能改善模型的描述能力。但是,越来越多的例子表明,很多函数关系结构或参数形式是不可能任意假定的,有些即便可能通过修改模型或调整估计方法得到的关系,也可能存在一些潜在的问题。

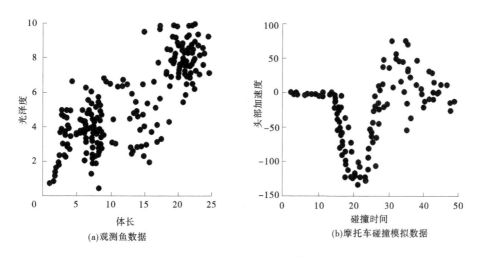

(a)观测鱼数据　　　　　　　　　(b)摩托车碰撞模拟数据

**图 3-1　二元数据散点图**

图 3-1 为 2 幅二元函数的散点图,图 3-1(a)是由观测鱼的体长(length)和光泽度(luminous)的数据绘制的散点图。$X$ 和 $Y$ 看似存在某种非线性函数关系,可以尝试非线性回归,比如用多项式回归代替线性模型,这的确能够在一定程度上改善线性模型的拟合优度。但是,多项式回归最大的缺点就在于它非常强烈地依赖于几个关键点,对这些点的变化非常敏感,如果这些点出现小的扰动,则可能会波及远离这些点的一些点的估计以及它们附近的曲线走向。图 3-1(b)是摩托车碰撞模拟数据的散点图,由 133 个成对数据构成。$X$ 为模拟的摩托车发生相撞事故后的某一短暂时刻(单位是百万分之一秒),$Y$ 是该时刻驾驶员头部的加速度(单位是重力加速度 $g$)。$X$ 和 $Y$ 之间直觉上是有某种函数关系的,但是很难用参数方法进行回归,也很难用普通的多项式回归拟合,因此考虑如下更一般的模型。

给定一组样本观测值 $(Y_1, X_1), (Y_2, X_2), \cdots, (Y_n, X_n)$, $X_i$ 和 $Y_i$ 之间的任意函数模型表示为

$$Y_i = m(X_i) + \varepsilon_i, \quad i = 1, 2, \cdots, n \tag{3-1}$$

式中: $\varepsilon_i$ 为均值为零的独立随机变量; $m(x) = E(Y | X = x)$。

### 3.1.1　核回归光滑模型

与第 2 章核密度估计方法类似, 求 $x$ 附近的平均点数, 平均点数的求法是对可能影响到 $x$ 的样本点, 按照距离 $x$ 的远近做距离加权平均。核回归光滑的基本思路与之类似, 这里不是求平均点数, 而是估计点 $x$ 处 $y$ 的取值。仍然按照距离 $x$ 的远近对样本观测值 $y_i$ 加权即可。这就是核回归的基本思想。

选定原点对称的概率密度函数 $K(\cdot)$ 为核函数及窗宽 $h_n > 0$, $\int K(u) \, du = 1$。

定义加权平均核为

$$w_i(x) = \frac{K_{h_n}(X_i - x)}{\sum K_{h_n}(X_j - x)}, \quad i = 1, 2, \cdots, n \tag{3-2}$$

其中, $K_{h_n}(u) = h_n^{-1} K(u h_n^{-1})$ 也是一个概率密度函数。

Nadaraya-Watson 核估计定义为

$$\hat{m}_n(x) = \sum_{i=1}^{n} \omega_i(x) Y_i \tag{3-3}$$

注意到:

$$\hat{\theta} = \min_\theta \sum_{i=1}^{n} \omega_i(x) (Y_i - \theta)^2 = \sum_{i=1}^{n} \frac{\omega_i Y_i}{\sum\limits_{i=1}^{n} \omega_i} \tag{3-4}$$

因此, 核估计等价于局部加权最小二乘估计, 权重 $\omega_i = K(X_i - x)$。

若 $K(\cdot)$ 是 $[-1, 1]$ 上的均匀概率密度函数, 则 $m(x)$ 的 Nadaraya-Watson 核估计就是落在 $[x - h_n, x + h_n]$ 上的 $X_i$ 对应的 $Y_i$ 的简单算数平均值, 称参数 $h_n$ 为窗宽, $h_n$ 越小, 参与平均的 $Y_i$ 就越少; $h_n$ 越大, 参与平均的 $Y_i$ 就越多。

若 $K(\cdot)$ 是 $[-1, 1]$ 上的概率密度函数, 则 $m(x)$ 的 Nadaraya-Watson 核估计就是落在 $[x - h_n, x + h_n]$ 上的 $X_i$ 对应的 $Y_i$ 的加权算数平均值。

若 $K(\cdot)$ 是 $(-\infty, +\infty)$ 关于原点对称的标准正态密度函数 $[x - 3h_n, x + 3h_n]$, 则 $m(x)$ 的 Nadaraya-Watson 核估计就是 $Y_i$ 的加权算数平均值。当 $X_i$ 离 $x$ 越近时, 权数就越大; 当 $X_i$ 离 $x$ 越远时, 权数就越小; 当 $X_i$ 落在 $[x - 3h_n, x + 3h_n]$ 之外时, 权数为零。

Nadaraya-Watson 核估计直接使用密度加权, 但是在实际估计参数和计算窗宽时, 可能需要对权重取导数运算, 这时将核表达为密度积分的形式是比较方便的, 这就出现了另一种核估计——Gasser-Muller 核估计:

$$\hat{m}(x) = \sum_{i=1}^{n} \int_{s_{i-1}}^{s_i} K\left(\frac{u - x}{h}\right) du \, y_i \tag{3-5}$$

其中

$$S_i = (X_i + X_{i+1})/2, X_0 = -\infty, x_{n+1} = +\infty$$

显然它是用面积而不是密度本身作为权重。

## 3.1.2　局部线性回归

核估计虽然实现了局部加权,但是这个权重在局部领域内是常量,由于加权是基于整个样本点的,因此在边界往往估计不理想。如图 3-2 所示,真实的曲线用实线表示,Nadaraya-Watson 核估计曲线用虚线表示,在左边和右边的边界点处,曲线的真实走向有很大的线性斜率,但是在拟合曲线上,显然边界的估计有高估的现象。这是因为核函数是对称的,因而在边界点处,起决定作用的是内点,比如影响左边界点走势的主要是右边的点。同样,影响到右边界点走势的是左边的点。越到边界,这种情况越突出。显然,问题并非仅对外点而言,如果内部数据分布不均匀,则那些恰好位于高密度附近的内点的核估计也会存在较大偏差。

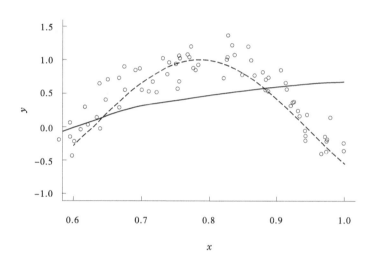

**图 3-2　核回归和真实函数曲线的比较**

解决的方法是用一个变动的函数取代局部固定的权,这样就可能避免这种边界效应。最直接的做法就是在待估计点 $x$ 的邻域内用一个线性函数 $Y_i = a(x) + b(x)X_i$, $X_i \in [x-h, x+h]$ 取代 $Y_i$ 的平均,其中 $a(x)$ 和 $b(x)$ 是 2 个局部参数,因而就得到了局部线性估计。

具体而言,局部线性估计为最小化:

$$\sum_{i=1}^{n} \{Y_i - a(x) - b(x)X_i\}^2 K_{h_n}(X_i - x) \tag{3-6}$$

其中,$K_{h_n}(u) = h_n^{-1}K(h_n^{-1}u)$,$K(\cdot)$ 为概率密度函数。

若 $K(\cdot)$ 是 $[-1,1]$ 上的均匀概率密度函数 $K_0(\cdot)$,则 $m(x)$ 的局部线性估计就落在了 $[x-h_n, x+h_n]$ 的 $X_i$ 与其对应的 $Y_i$ 关于局部模型 $\hat{m}(x) = \hat{a}(x) + \hat{b}(x)X_i$ 的最小二乘估计。

若 $K(\cdot)$ 是 $[-1,1]$ 上的概率密度函数 $K_2(\cdot)$,则 $m(x)$ 的局部线性估计就落在 $[x-h_n, x+h_n]$ 上的 $X_i$ 对应的 $Y_i$ 关于局部模型式(3-6)的加权最小二乘估计。当 $X_i$ 离 $x$ 越

近时,权数就越大;当 $X_i$ 离 $x$ 越远时,权数就越小。

若 $K(\cdot)$ 是 $(-\infty, +\infty)$ 关于原点对称的标准正态密度函数 $K_2(\cdot)$,则 $m(x)$ 的局部线性估计就是局部模型式(3-6)的加权最小二乘估计。当 $X_i$ 离 $x$ 越近时,权数就越大;当 $X_i$ 离 $x$ 越远时,权数就越小;当 $X_i$ 落在 $[x-3h_n, x+3h_n]$ 之外时,权数为零。

$m(x)$ 的局部线性估计的矩阵表示为

$$\hat{m}_n(x, h_n) = e_1^{\mathrm{T}}(X_x^{\mathrm{T}} W_x X_x)^{-1} X_x^{\mathrm{T}} W_x Y = \sum_{i=1}^{n} l_i(x) y_i \tag{3-7}$$

其中

$$e_1 = (1, 0)^{\mathrm{T}}, X_x = (X_{x,1}, \cdots, X_{x,n})^{\mathrm{T}}, X_{x,i} = [1, (X_i - x)]^{\mathrm{T}},$$

$$W_x = diag[K_{h_n}(X_1 - x), \cdots, K_{h_n}(X_n - x)], Y = [Y_1, \cdots, Y_n]^{\mathrm{T}}$$

当解释变量为随机变量时,局部线性估计 $\hat{m}_n(x, h_n)$ 在内点处的逐点渐进偏差和方差如表 3-1 所示。

表 3-1　局部线性估计内点渐进偏差和方差

| 项目 | 渐进偏差 | 渐进方差 |
|---|---|---|
| 总变异 | $h_n^2 \dfrac{m'(x)}{2} \mu_2(K)$ | $\dfrac{\sigma^2(x)}{nh_n f(x)} R(K)$ |

使得 $\hat{m}_n(x, h_n)$ 的均方误差达最小的最佳窗宽为: $h_n = cn^{-1/5}$。其中 $c$ 与 $n$ 无关,只与回归函数、解释变量的密度函数和核函数有关。在内点,使得 $\hat{m}_n(x, h_n)$ 的均方误差达到最小的最优核函数为 $K(z) = 0.75(1 - z^2)$,此时,局部线性估计可达到收敛速度 $O(n^{-2/5})$。

## 3.2　变换核回归的理论

核回归是常用的非参数回归方法,在某种合理的假设下,核回归是收敛的,大样本性能较好。但是小样本时,核回归的性能不好,主要原因是估计的无偏性和最小方差之间的矛盾不好解决。下面讨论变换核回归,其基本思想是将原样本变换成新样本,新样本的回归曲线比较平坦,回归偏差小,因而可以取较多的点平滑以减少方差。

### 3.2.1　变换核回归及其迭代算法

设 $(X_1, Y_1), \cdots, (X_n, Y_n)$ 是 $R^{1\times 1}$ 维随机变量,满足模型

$$Y_i = m(X_i) + \varepsilon_i, \quad i = 1, 2, \cdots, n \tag{3-8}$$

式中: $\varepsilon_i$ 为均值为零的独立随机变量。

回归的目的就是根据样本 $(X_i, Y_i)$ 估计 $Y$ 关于 $X$ 的条件概率密度的均值:

$$m(x) = E(Y | X = x) \tag{3-9}$$

Watston 给出了条件均值的核估计:

$$\hat{m}(x) = \frac{1}{nh} \sum_{i=1}^{n} y_i k\left(\frac{x - X_i}{h}\right) \bigg/ \hat{f}(x) = \hat{\alpha}(x) \bigg/ \hat{f}(x) \tag{3-10}$$

式中:$k(\cdot)$为核函数;$h$为窗宽;$\hat{f}(x)$为$f(x)$的核密度估计。

由于核回归是两个量的比,直接求核回归的偏差比较困难,可以分别考虑式(3-10)分子分母的偏差。

$$bias_x(\hat{\alpha}) = E\hat{\alpha}(x) - \alpha(x) = \frac{1}{2}h^2[m(\cdot)f(\cdot)]''(x)\int t^2 k(t)\,dt + o(h)^2$$

$$bias_x(\hat{f}) = \frac{1}{2}h^2 f''(x)\int t^2 k(t)\,dt + o(h) \tag{3-11}$$

其中

$$[m(\cdot)f(\cdot)]''(x) = m''(x)f(x) + 2m'(x)f'(x) + m(x)f''(x)$$

分析这两个偏差,偏差$bias_x(\hat{f})$与$f''(x)$有关,若$f(x)$是均匀分布,除端点$(0,1)$外,偏差$bias_x(\hat{f})$将为零。再看偏差$bias_x(\hat{\alpha})$,要减少偏差$bias_x(\hat{\alpha})$,可以将$f(x)$变换为均匀分布时,同时将$m(x)$变换成水平直线,则$[m(\cdot)f(\cdot)]''(x)$除端点外为零。

因此,通过以上对偏差的分析,可以采用如下的变换方法:将原样本$(x_i,y_i)$变换成新样本$(u_i,v_i)$,其中$u_i$的分布逼近均匀分布,$v_i$的真实回归曲线$m(u)$逼近常数1。通过变换,分子的偏差$bias_x(\hat{\alpha})$和分母$bias_x(\hat{f})$的偏差除端点外,均接近零,在端点$(0,1)$处,因为分子和分母有差不多相同的偏差,因而偏差互相抵消,能恢复核回归的"端点效应"。

将原样本$X_i$变换为均匀分布的新样本$U_i$,目的是对$Y_i$进行加权平均时,权的大小只与样本的邻近次序有关,与距离无关,这体现了各样本互相独立的原则。只要知道$X_i$的分布函数$F(x)$,就能进行变换$U_i = F(X_i)$。在第3章密度估计中,$\hat{F}(x)$曾作为中间变量出现,可以利用第3章的方法进行变换,但是非常麻烦,我们现在的目的是求分布函数估计而不是密度函数估计,具体方法在本章的分布函数的估计方法中介绍。这里假定$X_i$已经变换成均匀分布的样本$U_i$,现在只讨论因变量样本$Y_i$的变换。由于要求$V_i$是均值为1的随机样本,可以用两种迭代方法进行变换,分别叫作"乘法"迭代和"加法"迭代。

加法迭代的基本原理是将回归曲线分解成两条曲线的和,第一条曲线接近回归曲线,第二条曲线接近常数0。迭代方法如下:

$$\left.\begin{array}{l}
\hat{m}_1(u) = \sum_{i=1}^{n} y_i k\left(\dfrac{u - U_i}{h}\right)/nh\hat{f}(u) \\[2mm]
V_{1,i} = y_i - \hat{m}_1(U_i) + 1 \\[2mm]
\hat{m}_l(u) = \sum_{i=1}^{n} V_{l-1} k\left(\dfrac{u - U_i}{h}\right)/nh\hat{f}(u) + \hat{m}_{l-1}(u) - 1 \\[2mm]
V_{l,i} = Y_i - \hat{m}_l(U_i) + 1
\end{array}\right\} \tag{3-12}$$

式中:$l$为迭代次数。

乘法迭代的基本原理是将回归曲线分解成两条曲线的乘积,第一条曲线接近回归曲线,第二条曲线接近常数1。第一条曲线由回归的估计值代替,将原样本除以这条曲线得到新样本$V_i$,新样本的回归曲线就是第二条曲线,有较高的回归精度,偏差小,把这两条曲线相乘,就得到回归函数精度较高的估计。迭代方法如下:

$$\left.\begin{aligned}
\hat{m}_1(u) &= \sum_{i=1}^{n} y_i k\left(\frac{u - U_i}{h}\right) \Big/ nh\hat{f}(u) \\
V_{1,i} &= y_i / \hat{m}_1(U_i) \\
\hat{m}_l(u) &= \left[\sum_{i=1}^{n} V_{l-1} k\left(\frac{u - U_i}{h}\right) \Big/ nh\hat{f}(u)\right] \hat{m}_{l-1}(u) \\
V_{l,i} &= Y_i / \hat{m}_l(U_i)
\end{aligned}\right\} \tag{3-13}$$

由式(3-13)可以看出,变换回归的迭代算法比密度估计中的核估计的迭代算法简便,没有复杂的正反变换和数值积分,因而迭代速度快。乘法迭代收敛快,但方差可能被放大;加法迭代收敛慢,但精度高。

由于每次迭代得到的估计 $\hat{m}_l(u)$ 是连续光滑函数,所以这两种迭代进行的变换都是连续光滑变换且一一对应,只要 $\hat{m}_l(u)$ 不是水平直线,迭代收敛的变换都是非线性变换。关于窗宽的选择,因为 $U_i$ 是均匀分布,所以可以按第 2 章讨论的窗宽选法选取。

### 3.2.2　核回归的均方积分误差和最佳窗宽

许多文章讨论了核回归的估计精度和相应的最佳窗宽,为了讨论变换核回归的误差和收敛性,有必要先介绍核回归的均方积分误差和最佳窗宽。

**命题** 3.1　$\hat{m}(x)$ 的渐近偏差 $E(\hat{m}-m)\hat{f}/f$ 的表达式是:

$$E(\hat{m}\hat{f} - m\hat{f})/f = f^{-1}(x)\int[m(x - ht) - \hat{m}(x)]f(x - ht)k(t)\mathrm{d}t \tag{3-14}$$

证明:由式(3-13)知,$\hat{m}(x) = \hat{\alpha}(x)/\hat{f}(x)$ 是两个统计量的比,难于对 $\hat{m}(x)$ 进行平均运算,Hatdle 和 Marron 建议用如下近似公式:

$$\hat{m} - m = (\hat{m} - m)\hat{f}/f + (\hat{m} - m)(f - \hat{f})/f \tag{3-15}$$

第二项可以忽略不计,所以积分均方差可以近似地表示为

$$MISE(\hat{m}) = E\int[\hat{m}(x) - m(x)]^2\mathrm{d}x = E\int\frac{1}{f^2}[\hat{m}\hat{f} - m\hat{f}]^2\mathrm{d}x \tag{3-16}$$

若 $\hat{m}(x)$ 和 $m(x)$ 绝对可积,平均运算可以放到积分号内,即:

$$MISE(\hat{m}) = \int f^2 E[\hat{m}\hat{f} - m\hat{f}]^2\mathrm{d}x \tag{3-17}$$

其中:

$$E\left(\hat{m}\hat{f} - m\hat{f}\right)^2 = \left[E(\hat{m}\hat{f} - m\hat{f})\right]^2 + \mathrm{var}\left(\hat{m}\hat{f} - m\hat{f}\right) \tag{3-18}$$

因为:

$$(\hat{m} - m)\hat{f} = \frac{1}{nh}\sum_{i=1}^{n}[Y_i - m(x)]k\left(\frac{x - X_i}{h}\right) \tag{3-19}$$

由于 $(X_i, Y_i)$ 是独立同分布样本,有

$$E(\hat{m} - m)\hat{f} = \frac{1}{h} \iint [v - m(x)] k\left(\frac{x-u}{h}\right) f_{X,Y}(u,v) \mathrm{d}u\mathrm{d}v$$

$$= \frac{1}{h} \int \left\{ \int [v - m(x)] f_{Y|X}(v|u) \mathrm{d}v \right\} k\left(\frac{x-u}{h}\right) f(u) \mathrm{d}u \qquad (3\text{-}20)$$

$$= \frac{1}{h} \int [m(u) - m(x)] k\left(\frac{x-u}{h}\right) f(u) \mathrm{d}u$$

令 $(x-u)/h = t$，代入式(3-20)得

$$E(\hat{m} - m)\hat{f} = \int [m(x - ht) - m(x)] f(x - ht) k(t) \mathrm{d}t \qquad (3\text{-}21)$$

式(3-21)除以 $f(x)$ 就可以证明命题 3.1。

从表达式(3-21)可以看出，若真实的回归曲线 $m(x)$ 是水平直线，$\hat{m}(x)$ 的偏差接近零，而与窗宽无关。变换回归就是将原样本变换为最佳样本，最佳样本对应的回归曲线接近水平直线，因而变换回归可以得到近似无偏估计，迭代收敛时，可以认为回归估计是无偏的估计。

**命题 3.2** 方差 $\mathrm{var}(\hat{m}-m)\hat{f}/f$ 的渐近表达式为

$$\mathrm{var}(\hat{m} - m)\hat{f}/f = \frac{1}{nh}\beta_k f^{-1}(x) V(x)^2 \qquad (3\text{-}22)$$

其中

$$V(x)^2 = EY^2|X=x) - m(x)^2 = \int v^2 f_{Y|X}(v|x)\mathrm{d}v - \left[\int v f_{Y|X}(v|x)\mathrm{d}v\right]^2 \qquad (3\text{-}23)$$

$$\beta_k = \int K(t)^2 \mathrm{d}t \qquad (3\text{-}24)$$

证明：由式(3-17)及各样本 $(X_i, Y_i)$ 相互独立可得

$$\mathrm{var}(\hat{m} - m)\hat{f} = \frac{1}{nh^2} E\left\{ [Y_i - m(x)] k\left(\frac{x-x_i}{h}\right) \right\}^2 - \frac{1}{nh^2} \left\{ E[Y_i - m(x)] k\left(\frac{x-x_i}{h}\right) \right\}^2$$

$$= \frac{1}{nh^2} \iint [v - m(x)]^2 k\left(\frac{x-u}{h}\right)^2 f_{X,Y}(u,v)\mathrm{d}u\mathrm{d}v - \frac{1}{n}[E(\hat{m}\hat{f} - m\hat{f})]^2 \qquad (3\text{-}25)$$

式(3-25)中的第二项渐近为零，有

$$\mathrm{var}(\hat{m} - m)\hat{f} \approx \frac{1}{nh^2} \int \left\{ \int [v - m(x)]^2 f_{Y|X}(v|u)\mathrm{d}v \right\} k\left(\frac{x-u}{h}\right)^2 f(u)\mathrm{d}u$$

$$= \frac{1}{nh^2} \int [E(Y^2|X=u) - 2m(x)E(Y|X=u) + m(x)^2] k\left(\frac{x-u}{h}\right)^2 f(u)\mathrm{d}u$$

$$= \frac{1}{nh^2} \int [E(Y^2|X=x-ht) - 2m(x)E(Y|X=x-ht) + m(x)^2] k(t)^2 f(x-ht)\mathrm{d}t$$

$$\qquad (3\text{-}26)$$

对式(3-26)进行 Taylor 展开

$$f(x - ht) = f(x) - htf'(x) + \frac{1}{2}h^2t^2 f''(x) + \cdots \qquad (3\text{-}27)$$

$$E(Y|X=x-ht) = m(x-ht) = m(x) - htm'(x) + \frac{1}{2}h^2t^2 m''(x) \qquad (3\text{-}28)$$

$$E(Y^2 \mid X = x - ht) = E(Y^2 \mid X = x - ht) \frac{\mathrm{d}}{\mathrm{d}x} E(Y^2 \mid X = x) + \cdots \qquad (3\text{-}29)$$

代入式(3-25)则得

$$\mathrm{var}(\hat{m} - m)\hat{f} \approx \frac{1}{nh^2} \left[ E(Y^2 \mid X = x) - m(x)^2 \right] f(x)\beta_k + o\left(\frac{1}{n}\right) \approx \frac{1}{nh}\beta_k V(x)^2 f(x)$$

$$\approx \frac{1}{nh}\beta_k V(x)^2 f(x) \qquad (3\text{-}30)$$

将式(3-30)除以 $f(x)^2$ 即可得证。

从式(3-16)可以看出,回归的方差除与条件方差 $V(x)^2$、核函数和样本数 $n$ 有关外,还与窗宽 $h$ 有关。$V(x)^2$ 和 $n$ 由样本决定,核 $k(\cdot)$ 对方差影响不大,减小方差的有效途径是加大窗宽 $h$。由命题 3.1 知:当迭代收敛时,估计是无偏的,偏差与 $h$ 无关,所以对于变换核回归,迭代开始时可以取较小的窗宽,迭代收敛时而取较大的窗宽,以减少回归的方差。关于 $f(x)$ 对于方差的影响,式(3-16)中有 $f^{-1}(x)$ 因子。当 $x$ 是均匀分布时,对 $V(x)$ 加同等的权。

衡量整体估计精度的量是积分均方差 $MISE$,由以上两个命题可以得到积分均方误差的 MISE 的渐近表达式

**命题** 3.3　回归估计的 $MISE$ 的渐近表达式为

$$MISE_x(\hat{m}) = \frac{1}{4}h^4 K_2^2 \int \left[ m''(x) + 2m'(x)f'(x)f(x)^{-1} \right]^2 \mathrm{d}x + \frac{1}{nh}\beta_k \int V(x)^2 f(x)^{-1} \mathrm{d}x$$

$$(3\text{-}31)$$

证明:

$$MISE_x(\hat{m}) = \int f^{-2} E(\hat{m}\hat{f} - m\hat{f})^2 \mathrm{d}x = \int f^{-2} \left\{ \left[ E(\hat{m}\hat{f} - m\hat{f}) \right]^2 + \mathrm{var}(\hat{m}\hat{f} - m\hat{f}) \right\} \mathrm{d}x$$

由命题 3.1 可得到式(3-31)积分项的第一项的渐近表达式,对式(3-7)中的 $m(x\text{-}ht)$ 和 $f(x\text{-}ht)$ 做 Taylor 展开得到

$$\left[ m(x - ht) - m(x) \right] f(x - ht) = - htm'(x)f(x) -$$

$$\frac{1}{2}h^3 t^3 \left[ f'(x)m''(x) + m'(x)f''(x) \right] + \frac{1}{2}h^2 t^2 \left[ f(x)m'(x) + 2f'(x)m'(x) \right] + \cdots$$

$$(3\text{-}32)$$

考虑到核 $k(\cdot)$ 是对称函数,即

$$\int tk(t)\,\mathrm{d}t = 0, \qquad \int t^3 k(t)\,\mathrm{d}t = 0 \qquad (3\text{-}33)$$

将式(3-33)代入式(3-27)就可得证。

根据命题 3.0,可以求出渐近最佳窗宽。

**命题** 3.4　核回归的渐近最佳窗宽和渐近最小均方积分误差为

$$h_{opt} = k_2^{2/5} \beta_k^{1/5} \left[ \int A(x)^2 \mathrm{d}x \right]^{-1/5} \left[ \int V(x)^2 f(x)^{-1} \mathrm{d}x \right]^{1/5} n^{-1/5} \qquad (3\text{-}34)$$

$$MISE = \frac{5}{4} k_2^{2/5} \beta_k^{4/5} \left\{ \int A(x)^2 \mathrm{d}x \right\}^{1/5} \left\{ \int V(x)^2 f(x)^{-1} \mathrm{d}x \right\}^{4/5} n^{-4/5} \qquad (3\text{-}35)$$

其中

$$A(x) = m''(x) + 2m'(x)f'(x)f^{-1}(x) \tag{3-36}$$

证明:将命题 3.2 式(3-25)给出的 *MISE* 对 $h$ 求极小值即可得证。

**命题 3.4**　不仅给出了最佳窗宽 $h$ 与 $n$、核函数的定量关系,还指出了与回归函数及密度函数的关系,这种关系是通过回归的偏差 $A(x)$ 和方差 $V(x)$ 起作用,便于分析和计算,这也为窗宽的选择提供了理论基础。

在迭代过程中,偏差 $A(x)$ 会逐步减小,所以最佳窗宽除了在横向随 $x$ 的变化而变化,在纵向也随迭代次数 $l$ 变化。在实际应用中,我们可以在纵的方向选一个或几个窗宽 $h$,选一个固定的窗宽时,偏差 $A(x)$ 的大小不能以迭代收敛为准,迭代收敛时偏差 $A(x)$ 很小,几乎是无偏的,这使得窗宽很大,对各样本几乎加同样的权,求出的回归曲线几乎是常数,影响迭代速度。较合适的窗宽是根据迭代未收敛的偏差 $A(x)$ 确定,由式(3-31)、$A(x) = m''(x)+2m'(x)f'(x)f^{-1}(x)$ 知,此时的偏差是新样本 $V_i$ 关于 $x$ 的回归函数偏差,它比 $Y_i$ 的回归偏差小得多,具体计算 $A(x)$ 比较困难,不如事先给出迭代停止的偏差值,以这个偏差值计算窗宽,这个偏差称为迭代停止偏差,记为 $A_s$。

$$A_s = \int A(x)^2 \mathrm{d}x = \int \left[ m''(x) + 2m'(x)f'(x)/f(x) \right]^2 \mathrm{d}x \tag{3-37}$$

$A_s$ 的大小由曲线的起伏形状决定,通常取 $A_s = 1 \sim 0.1$。若取正态核函数,则有 $k_2 = 1$,$\beta_k = 0.776\,388$。于是取窗宽 $h(x) = 0.3 \sim 1.0 \left[ \hat{\sigma}^2(x) \right]^{1/5} n^{-1/5}$。

由于窗宽 $h$ 是据 $A_s$ 确定的,迭代时偏差 $\int A(x)\mathrm{d}x$ 若达到 $A_s$,则停止迭代。若取两个窗宽,前面的迭代取较小的 $h_1$,后面迭代取较大的 $h_2$,分别为

$$h_1(x) \approx (0.2 \sim 0.3) \left[ \hat{\sigma}^2(x) \right]^{1/5} n^{-1/5} \tag{3-38}$$

$$h_2(x) \approx (0.3 \sim 1.0) \left[ \hat{\sigma}^2(x) \right]^{1/5} n^{-1/5} \tag{3-39}$$

### 3.2.3　变换核回归的误差及收敛性

命题 3.3 和命题 3.4 给出了非变换回归的误差公式,可以由这些公式推导变换回归的误差。首先考虑 $Y_i$ 的变换,以加法迭代为例,加法迭代是将回归曲线分解为 2 个曲线之和:

$$m(x) = T(x) + m_v(x) \tag{3-40}$$

式中:$T(x)$ 为变换函数;$m_v(x)$ 为新样本 $V_i$ 关于 $X_i$ 的回归曲线。

$m(x)$ 的第 $l$ 次估计可写为

$$\hat{m}_l(x) = T_l(x) + \hat{m}_{v,l}(x) \tag{3-41}$$

式中:$T_l(x)$ 为第 $l-1$ 次估计 $\hat{m}_{l-1}(x)$。

一般有两类不同性质的收敛问题。第一类是样本数 $n$ 趋于无穷时,$\hat{m}(x)$ 是否收敛到 $m(x)$。命题 3.4 已经给了回答,并给出收敛速度是 $n^{4/5}$。命题 3.4 虽然是对非变换核估计给出的误差公式,对变换回归也适用,在迭代的每一阶段,当 $n \to \infty$ 时有 $\hat{m}_v(x) \to m_v(x)$。另外,当 $T(x)$ 为某一固定函数时,则

$$m(x) = T_l(x) + m_v(x) \tag{3-42}$$

$$\hat{m}(x) = T_l(x) + \hat{m}_v(x) \tag{3-43}$$

随着 $n \to \infty$，$\hat{m}_v(x) \to m_v(x)$，是否有 $\hat{m}(x) \to m(x)$？回答是肯定的，只要 $T_l(x)$ 是有界的连续光滑函数且一一对应，$T(x)$ 的变换是拓扑映射，有 $\hat{m}(x) \to m(x)$。

第二类收敛问题是迭代算法的收敛问题。在样本数 $n$ 为一定的情况下，估计精度会不会随着迭代过程而逐步提高，最后达到稳定的精度？这个收敛问题更具有实际意义。

考察第 $l$ 次变换回归的估计误差：

$$MISE(\hat{m}_l) = E\int\left[\hat{m}_l(x) - m(x)\right]^2 dx = E\int\left\{\hat{m}_{v,l}(x) - (m_v(x) + T_l(x) - T(x))\right\}^2 dx \quad (3\text{-}44)$$

由命题 3.2 式(3-25)可得：

$$MISE_x(\hat{m}_l) = \frac{1}{4}h^2 k_2^2 \int A_l(x)^2 dx + \frac{1}{nh}\beta_k \int \frac{V_l(x)^2}{f(x)} dx \quad (3\text{-}45)$$

其中

$$A_l(x) = 2h^{-2}k_2^{-1}\left[T_l(x) - T(x)\right] + A_v(x)$$
$$= 2h^{-2}k_2^{-1}\left[T_l(x) - T(x)\right] + \left[m''_v(x) + 2m'_v(x)f'(x)f(x)^{-1}\right] \quad (3\text{-}46)$$
$$V_l(x)^2 = E(V^2 \mid X = x) - \left[m_v(x) + T_L(x) - T(x)\right]^2 \quad (3\text{-}47)$$

当 $h$ 一定时，$m_v(x)$ 逐步变得平坦，$A_l(x)$ 随着迭代而逐步减小，$V(x)^2$ 稍微有些减小，变化不大。所以，总误差 $MISE$ 随着迭代增加而逐步减小，迭代过程是收敛的。$A_l(x)$ 是变换估计的偏差，迭代收敛时，偏差逐步减小为零，最后趋于无偏估计，同时 $T_l(x)$ 趋于 $T(x)$。

对于乘法迭代，有关系

$$m(x) = T(x)m_v(x) \quad (3\text{-}48)$$
$$\hat{m}_l(x) = T_l(x)\hat{m}_v(x) \quad (3\text{-}49)$$

对于 $T(x)$ 为某一固定函数时，当 $n \to \infty$ 时有 $\hat{m}_v(x) \to m_v(x)$，只要 $T_l(x)$ 是有界的连续光滑函数且一一对应，必有 $\hat{m}(x) \to m(x)$，所以乘法变换的第一类收敛是满足的。

考察样本数 $n$ 一定，迭代算法的收敛性问题，同样可以得到式(3-40)所示的 $MISE_x(\hat{m}_l)$ 表达式，不过这里的 $A_l(x)$ 和 $V_l(x)^2$ 的表达式不同于加法变换。

$$MISE(\hat{m}_l) = E\int\left[T_l(x)\hat{m}_v(x) - T(x)m_v(x)\right]^2 dx$$
$$= \int T_l(x)^2 E\left[\hat{m}_v(x) - \frac{T(x)}{T_l(x)}m_v(x)\right]^2 dx$$
$$= \frac{1}{4}h^4 k_2^2 \int T_l(x)^2 A_v(x)^2 dx + \frac{1}{nh}\beta_k \int \frac{T_l(x)V_l(x)^2}{f(x)} dx \quad (3\text{-}50)$$

其中

$$A_v(x) = 2h^{-2}k_2^{-1}\left[1 - \frac{T(x)}{T_l(x)}\right]m_v(x)f(x) + m''_v(x)f(x) + 2m'_v(x)f'(x) +$$
$$\left[1 - \frac{T(x)}{T_l(x)}\right]m_v f''(x) \quad (3\text{-}51)$$

$$V_l(x)^2 = E(V^2 \mid X = x) - \frac{T(x)}{T_l(x)}m_v(x)^2 \quad (3\text{-}52)$$

由于新样本 $V_i$ 的取值是 $Y_i / T_l(X_i)$,所以方差 $V_l(x)^2$ 与未变换核回归的方差相差不多,都是 $\sigma^2 n^{-4/5}$ 量级,而回归的偏差比未变换核回归的偏差小。因为 $m_v(x)$ 比 $m(x)$ 平坦,它的一、二阶导数 $m'_v$ 和 $m''_v$ 比 $m'$ 和 $m''$ 小。另外,加法变换比乘法变换的偏差多了一项 $2h^{-2}k_2^{-1}[1-(T/T_l)]m_u f$,当 $T_l \neq T$ 时,这项不为零,所以迭代未收敛前,乘法迭代的估计精度低于加法迭代,而实际迭代的过程中,不太可能迭代到收敛,通常总是达到一定的精度即可。

虽然乘法迭代的偏差稍大于加法迭代,但是迭代的收敛速度大于加法迭代。合理的做法是先进行乘法迭代,获得较快的初始收敛速度,较快地逼近真实回归曲线,然后采用加法迭代,进一步提高估计精度。从式(3-44)可知,乘法迭代的误差多了一个乘数因子 $T_l(x)^2$,表明估计误差与回归曲线的数值的大小成正比,这对峰值的估计是不利的,峰值的误差要大于其他地方。对于具有峰值的回归曲线估计,迭代后期一定要采用加法迭代,以恢复峰值。

然后考虑自变量 $X_i$ 变换为均匀分布样本 $U_i$ 对估计精度的影响,变换为

$$U_i = F(X_i) \tag{3-53}$$

式中:$F(\cdot)$ 为 $x$ 的分布函数。

用 $m_u(u)$ 表示 $Y$ 关于 $U$ 的回归函数,有

$$m(x) = m[F^{-1}(u)] = m_u(u) \tag{3-54}$$

对于 $X$ 变换为 $U$,误差为

$$MISE(\hat{m}) = E \int [\hat{m}(x) - m(x)]^2 \mathrm{d}x = E \int [\hat{m}_u(u) - m_u(u)]^2 / f[F^{-1}(u)] \mathrm{d}u \tag{3-55}$$

与未变换的 $MISE$ 相比,积分项多了因子 $1/f[F^{-1}(u)] = 1/f(x)$。因子的作用是对积分项加权,由于 $f(x)$ 不是估计量,不需参加平均运算,所以 $MISE$ 的表达式与前面的公式基本一致。

总之,迭代的两种变换($X$ 变换为 $U$,$Y$ 变换为 $V$)的积分均方差为

$$MISE(\hat{m}_l) = \frac{1}{4}h^4 k_2^{-1} \int_0^1 A(u)^2 / f[F^{-1}(u)] \mathrm{d}u + n^{-1}h^{-1}\beta_k \int_0^1 V_l(u)^2 / \{f_u(u)f[F^{-1}(u)]\} \mathrm{d}u \tag{3-56}$$

式中:$f_u(u)$ 为均匀分布。

$$\begin{aligned}
A_l(u) &= 2h^{-2}k_2^{-1}[T_l(u) - T(u)] + [m''_v(u) + 2m'_v(u)f'_u(u)f_u(u)^{-1}] \\
&= 2h^{-2}k_2^{-1}[T_l(u) - T(u)] + m''_v(u)
\end{aligned} \tag{3-57}$$

当迭代收敛时,$T_l(u) - T(u)$ 和 $m''_v(u)$ 都约等于零,回归估计几乎是无偏的。方差 $V_l(u)^2 = E(V^2 \mid U = u) - [m_{v,u}(u) + T_l(u) - T(u)]^2$ 没什么变化。

可以证明线性变换不改变估计精度,因而只要回归函数 $m(x)$ 不是水平直线,迭代算法就能改变精度,命题 3.2~3.4 证明了水平直线是最佳回归函数,所以变换能改变估计精度。

# 3.3　变换核回归

## 3.3.1　分布函数的非参数变换估计

分布函数估计与密度估计一样有许多重要的作用。传统的分布函数非参数估计是经验分布函数,经验分布函数有很好的极限性质,当样本数量趋于无穷大时,几乎处处收敛。但是小样本时性能不好,方差较大,表现为阶梯函数,经验分布函数的不连续性使它的用途受到限制。密度和分布函数是随机变量的两种不同属性,要从密度估计得到分布函数估计,密度估计应是无偏的,方差大点不要紧,因为积分时会消除方差的影响。若要从分布函数得到密度估计,分布函数应连续光滑,有点偏差不要紧,数值微分是用邻近几个点估计一个点的微分值,对非光滑点(方差大的点)很敏感。因此,一个合理的想法是利用经验分布的无偏性加以平滑就得到偏差和方差都较小的估计。这种方法是非参数回归的一个特例,不同之处在于因变量不是事先得到的样本,而是分布函数的无偏估计点。因此,分布函数估计的第一步,是构造无偏估计点作为回归的因变量。下面采用经验分布函数作为分布函数的无偏估计。

## 3.3.2　样本经验分布函数

设 $x_1, x_2, \cdots, x_n$ 是随机样本,有分布函数 $F(x)$,考虑水文的特点,取经验分布函数是

$$F_n(x) = \frac{\leqslant x \text{ 的样本个数}}{n+1} \tag{3-58}$$

对式(3-58)的经验分布函数定义:除 $x$ 为样本点外的 $F_n(x)$ 仍和式(4-52)一样,而 $x = x_i$ 处的分布函数估计值为

$$F_n(x_i) = \alpha F_n(x_{i-}) + (1-\alpha)F_n(x_{i+}) = \frac{i-1+\alpha}{n+1} \quad x_1 \geqslant x_2 \geqslant \cdots \geqslant x_n \tag{3-59}$$

式中:$\alpha$ 为 $[0,1]$ 区间的常数,通常取 $\alpha = 1$。

由式(3-53)和式(3-54)定义的函数称为样本经验分布函数。

提出样本经验分布函数的理由如下:先考虑只有一个样本即 $n=1$,样本出现对应一次伯努利试验,出现的概率是 $\alpha/2$,也就是样本位于 $\alpha/2$ 分位点。若样本取自中心较高且具有对称密度函数的母体,$\alpha/2 = 0.5$ 意味着单个样本位于分布的中点,对应最大的概率密度。此时的经验分布函数符合最大似然准则。对于 $n$ 个样本,由于各样本是独立同分布,样本分布函数值将分布函数等分。样本应位于等分后的每小块中的 $\alpha/2$ 分位点上,即各样本等间隔地位于 $(i-1-\alpha)/(n+1)$ 分位点上。这个想法与离散分布中的古典概率论一致。

显然,样本经验分布函数的性质与经验分布函数一致,由式(3-58)知,样本经验分布函数是小于或等于样本值的样本数与样本总数加一之比,因此 $nF(x_i)$ 是二项分布随机变量,则有样本经验分布函数的均值和方差为

$$E[F_n(x_i)] = F(x_i)$$
$$\mathrm{var}F_n(x_i) = F(x_i)[1 - F(x_i)]/n \tag{3-60}$$

所以,样本经验分布函数是无偏估计,这为回归提供了好的先决条件。在样本经验分布的基础上回归,可使分布函数的方差减小。另外,以样本经验分布函数为固定点进行内插,也可得到比较光滑连续的曲线,但是这样得到的曲线保留了样本经验分布函数的方差,这个方差的最明显的证明是对内插得到的曲线进行微分,得到的密度函数估计存在许多毛刺和突起,微分对方差的敏感是检验方差存在的直观方法。

### 3.3.3　样本经验分布函数的变换回归

由前面定义知,样本经验分布函数是

$$F_n(x_i) = \alpha F_n(x_{i-}) + (1 - \alpha)F_n(x_{i+}) = \frac{i - 1 + \alpha}{n + 1} \quad i = 1, 2, \cdots, n \tag{3-61}$$

记 $y_i = F_n(x_i)$,则 $(x_i, y_i)$ 构成 $R^{1*1}$ 维随机变量,可以进行非参数回归计算。但这里的 $y_i$ 不是通常回归中事先给出的样本,是分布函数在 $x_i$ 点的无偏估计。将原样本 $(x_i, y_i)$ 变成新样本 $(u_i, v_i)$,其中 $v_i$ 是均值为 1 的随机变量,$u_i$ 是均匀分布随机变量。

由于样本 $X_i$ 不是等间隔的固定点,变换回归包含自变量 $X$ 和因变量 $Y$ 的两步变换,将原样本 $(x_i, y_i)$ 变成新样本 $(u_i, v_i)$。在分布函数估计中,这两步变换可以一起完成,因为 $Y_i$ 和 $X_i$ 有一定的关系。

若采用加法迭代,变换回归的想法是:先对 $(x_i, y_i)$ 进行核回归,得到初始估计 $\hat{F}_1(x)$,在 $\hat{F}_1(x)$ 的映射下,样本 $X_i$ 可以变换成接近均匀分布的新样本 $U_i$,即

$$U_{1,i} = \hat{F}_1(X_i) \tag{3-62}$$

此时的 $Y_i$ 相当于 $U_{1,i}$ 近似于 $45°$ 斜线,则

$$V_{1,i} = Y_i - U_{1,i} + 1 \tag{3-63}$$

是均值为 1 的随机变量,对 $(U_{1,i}, V_{1,i})$ 进行回归就能得到偏差较小的回归曲线,然后反变回去,取

$$\hat{F}_2(u) = V_i \text{ 关于 } U_{1,i} \text{ 的核回归 } + u - 1$$

并将 $u$ 换成 $x$,就得到分布函数的第 2 次回归,以此类推。加法迭代算法如下:

$$\left.\begin{aligned}
&y_i = (i - 1 + \alpha)/(n + 1) \\
&\hat{F}_1(x) = \sum_{i=1}^{n} y_i k\left(\frac{x - X_i}{h}\right) \Big/ \sum_{i=1}^{n} k\left(\frac{x - X_i}{h}\right) \\
&U_{l,i} = \hat{F}_l(X_i) \\
&u = \hat{F}_l(x) \\
&V_{l,i} = y_i - u_{l,i} + 1 \\
&\hat{F}_{l+1}(u) = \sum_{i=1}^{n} V_{l,i} k\left(\frac{u - U_{l,i}}{h}\right) \Big/ \sum_{i=1}^{n} k\left(\frac{u - U_{l,i}}{h}\right) + u - 1 \\
&\hat{F}_{l+1}(x) = \hat{F}_{l+1}[\hat{F}_l^{-1}(u)]
\end{aligned}\right\} \tag{3-64}$$

式中：$\hat{f}(x)$ 为 $x$ 的密度核估计，即 $\hat{f}(x)=\dfrac{1}{nh}\sum\limits_{i=1}^{n}k\big[(x-X_i)/n\big]$。

式（3-64）的最后一步不需要求反函数 $\hat{F}_l^{-1}(u)$，直接将 $\hat{F}_{l+1}^{-1}(u)$ 中的自变量 $u$ 换成对应的 $x$，就可以得到 $x$ 的分布函数估计。

类似地，也可以用乘法迭代计算分布函数回归，迭代方法如下：

$$
\left.\begin{aligned}
&y_i = (i - 1 + \alpha)/(n + 1)\\
&\hat{F}_1(x) = \sum_{i=1}^{n} y_i k\left(\frac{x - X_i}{h}\right)\bigg/ \sum_{i=1}^{n} k\left(\frac{x - X_i}{h}\right)\\
&U_{l,i} = \hat{F}_l(X_i)\\
&u = \hat{F}_l(x)\\
&V_{l,i} = y_i/\hat{F}_l(U_{l,i})\\
&\hat{F}_{l+1}(u) = \left[\sum_{i=1}^{n} V_{l,i} k\left(\frac{u - U_{l,i}}{h}\right)\bigg/\sum_{i=1}^{n} k\left(\frac{u - U_{l,i}}{h}\right)\right]\bigg/\hat{F}_l(u)\\
&\hat{F}_{l+1}(x) = \hat{F}_{l+1}\big[\hat{F}_l^{-1}(u)\big]
\end{aligned}\right\}
\tag{3-65}
$$

变换回归的偏差很小，基本上是无偏回归，因样本经验分布函数也是无偏估计，所以最后得到的分布函数估计是无偏估计。

## 3.4　变换回归模型的应用

本节列举两个实例用来说明变换核回归方法的可行性。

【例 3-1】　采用威布尔分布 $\left(\dfrac{1}{\ln 2}, 0.6\right)$ 做计算机模拟，这个分布函数起始部分很陡，用非变换回归不能得到无偏估计。本节用变换核回归方法（见图 3-3）经过 4 次迭代得到的估计值已接近真实分布函数值。

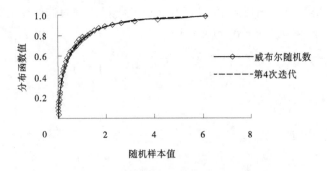

图 3-3　威布尔分布函数拟合曲线

【例 3-2】　基本数据选自《水文统计》中某水文站年径流资料，原文假设总体服从 P-Ⅲ型分布，采用参数适线法对经验频率曲线进行拟合，最后得到一条拟合曲线

(见图 3-4),通过内插即可求出给定频率下的设计值。本节不需任何假设条件,用非参数变换法对样本进行拟合,只需 4 次迭代就能很好地拟合,该方法具有很好的稳健性。

[注:这里的经验分布函数取 $F_n(x) = \dfrac{i}{n+1}(i = 1, 2, \cdots, n)$]

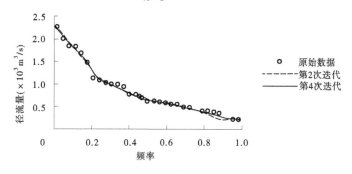

**图 3-4　洪水频率分析拟合曲线**

非参数变换核估计是一个迭代过程,包括样本变换、新样本函数估计和函数反变换。迭代过程中新样本逐步逼近最佳样本,最后经过函数反变换得到原样本的较好估计。

变换核估计的优点是窗宽和估计精度与待估计函数关系不大,因为各种分布样本都变换成接近最佳分布的样本进行估计。某些不好估计的密度函数,如具有较陡的起始部分和长尾,通过变换估计能显著改善其精度。变换估计的缺点是计算量较大,较高的估计精度是靠较多的计算量换来的。但变换估计主要用于小样本,总的计算量实际并不大。

# 3.5　本章小结

变换核估计用于洪水频率分析,是一个简单有效的方法。因为我国洪水实测资料年限一般较短,仅有几十年的观测资料系列,属于小样本。用这仅有的几十年资料推求工程上所需要的百年一遇、千年一遇,甚至万年一遇的设计洪水明显精度偏低。另外,现有的洪水频率计算方法,一般假设洪水系列来自 P-Ⅲ 型总体,这与实际不一定符合,因而由此推求的设计值也有很大偏差。

本章首先从理论上分析了回归偏差产生的原因,研究了变换核回归的迭代方法,从理论上给出了回归估计的误差公式,在此基础上,讨论了最佳窗宽的选择及其算法的收敛性等问题。最后建立了洪水频率分析的变换回归模型,并将其应用于两个实例。结果显示,模型是合理的。

本章的创新点在于针对水文频率分析的特点,结合非参数理论、变换理论,提出了洪水频率分析的变换回归模型,对于小样本具有较高估计的精度。但是这种方法也有其不足之处:由于水文资料的特点,一般小频率的洪水特征值的样本数量较少,回归误差较大,因而此模型对回归曲线的外延还有待今后做进一步的研究。

# 第 4 章　基于核密度变换的水文频率
# 计算模型

变换方法不仅可以把各种类型的连续密度函数的估计精度提高到最佳密度函数的估计精度量级,而且变换核估计将最佳窗宽的计算变得简单。本章把密度变换法与非参数核估计结合起来,建立了用于洪水频率分析的核密度变换模型,并对其进行了稳健性分析。

## 4.1　密度函数的变换模型

### 4.1.1　密度函数估计

核估计是常用的非参数密度估计,小样本时核估计性能差的原因是估计的偏差和方差对窗宽的矛盾比较突出。核估计是平滑运算,用窗内各样本值的加权平均作为窗中心函数的估计值。平均运算能减小方差,但是又能引起偏差。例如,核估计的偏差与窗宽成正比,而方差与窗宽平方成反比。核估计的偏差还和待估计函数的形状有关,可考虑一种新的核估计——变换核估计。它是迭代过程,包括样本变换、新样本估计和函数反变换。迭代过程中新样本逐步逼近"最佳样本",最佳样本对应的最佳函数有较高的估计精度。

设 $X_1, X_2, \cdots, X_n$ 是一个来自密度函数为 $f(x)$ 的未知总体的独立同分布随机样本,核估计是

$$\hat{f}(x) = \frac{1}{nh} \sum_{i=1}^{n} k\left(\frac{x - x_i}{h}\right) \tag{4-1}$$

核函数 $k(\cdot)$ 起到窗的作用,窗宽 $h$ 决定了平滑的点数,$n$ 为样本容量。通常用积分均方误差衡量密度估计的性能:

$$MISE_x(\hat{f}) = E\int\left[\hat{f}(x) - f(x)\right]^2 \mathrm{d}x = \int\left\{\left[E\hat{f}(x) - f(x)\right]^2 + \mathrm{var}\hat{f}(x)\right\}\mathrm{d}x \tag{4-2}$$

所以,积分均方误差 $MISE$ 是偏差和方差的综合度量。要使 $MISE$ 较小,应使偏差和方差都小。

对原样本 $X_i$ 进行变换得到新样本 $U_i: U_i = T(X_i)\, i = 1, 2, \cdots, n$。若变换 $T$ 是连续且一一对应函数,则 $U_i$ 仍是独立同分布样本,可以先对 $U_i$ 进行密度估计。设 $U_i$ 的密度函数是 $g(u)$,其估计是 $\hat{g}(u)$,做反变换

$$\hat{f}(x) = \left|T'(x)\right|\hat{g}\left[T(x)\right] \tag{4-3}$$

即可作为 $X_i$ 的密度估计。

对未变换核估计,可以找到最佳密度函数 $f_{\mathrm{opt}}(x)$,用变分法对积分均方误差 $MISE$ 的

渐进式求极小值,即

$$MISE_x(\hat{f}) = \frac{5}{4}C(k)\left\{\int f''(x)^2\mathrm{d}x\right\}^{\frac{1}{5}}n^{-\frac{4}{5}} \tag{4-4}$$

其中

$$C(k) = k_2^{-\frac{2}{5}}\left\{\int k(t)^2\mathrm{d}t\right\}^{\frac{4}{5}} \tag{4-5}$$

边界条件是 $f_{\mathrm{opt}}(x) \geqslant 0$ ,$\int f_{\mathrm{opt}}(x)\mathrm{d}x = 1$ 并且 $f_{\mathrm{opt}}(x)$ 是对称函数,得到最佳密度函数为

$$g_{\mathrm{opt}}(u) = \frac{3}{4}(1 - u^2), \quad |u| \leqslant 1 \tag{4-6}$$

记原变量 $X$ 的分布函数是 $F(x)$,新变量 $U$ 的分布函数是 $G(u)$,由概率论知密度函数变换时,两 $P$ 分位点的关系为 $F(x_p) = G(u_p)$,所以

$$u = T(x) = G^{-1}[F(x)] \tag{4-7}$$

对式(4-6)积分可得

$$G(u) = \frac{1}{4}(-u^3 + 3u + 2), \quad |u| \leqslant 1 \tag{4-8}$$

$u$ 有 3 个解,但是有意义的解只能取如下形式:

$$T(x) = 2\cos\left\{\frac{1}{3}\arccos[1 - 2F(x)] + \frac{2}{3}\pi\right\} \tag{4-9}$$

这就是最佳变换函数。可以归结为如下的变换核估计的迭代算法:

(1)变换核估计的初始估计。

$$\hat{f}_1(x) = \frac{1}{nh}\sum_{i=1}^{n}k\left(\frac{x - x_i}{h}\right) \tag{4-10}$$

$$\hat{F}_1(x) = \int_{-\infty}^{x}\hat{f}_1(u)\mathrm{d}u \tag{4-11}$$

(2)变换核估计的迭代算法。

$$\left.\begin{aligned} T_l(x) &= 2\cos\left\{\frac{1}{3}\arccos[1 - 2\hat{F}_l(x)] + 240°\right\} \\ |T_l'(x)| &= \hat{f}_l(x)/g[T_l(x)] \\ Y_{l,i} &= T_l(x_i) \\ \hat{g}_l(y) &= \frac{1}{nh}\sum k\left(\frac{y - Y_{l,i}}{h}\right) \\ \hat{f}_{l+1}(x) &= |T_l'(x)|\hat{g}_l[T_l(x)] \\ \hat{F}_{l+1} &= \int_{-\infty}^{x}\hat{f}_{l+1}(x)\mathrm{d}x \end{aligned}\right\} \tag{4-12}$$

其中,迭代次数 $l = 1, 2, \cdots$。

(3)迭代门限的确定。

$$\mathrm{d}(g_l, g) = \int[\hat{g}_l(x) - g(y)]^2\mathrm{d}y \tag{4-13}$$

门限的大小与最佳样本的估计精度一致：

$$MISE = \frac{5}{4}\left(\frac{9}{2}\right)^{1/5} c(k) n^{-4/5} \tag{4-14}$$

### 4.1.2  设计值的推求

首先引进核函数

$$k(u) = \frac{1}{2}\lambda e^{-\lambda|u|}, \quad -\infty < u < \infty \tag{4-15}$$

它可以看作随机变量 $x$ 的密度函数，因为

$$Eu = \int_{-\infty}^{\infty} uk(u)\,du = 0 \tag{4-16}$$

所以 $Du = Eu^2 = \int_{-\infty}^{\infty} u^2 k(u)\,du = \frac{1}{2}\lambda\int_{-\infty}^{\infty} u^2 e^{-\lambda|u|}du = 2/\lambda^2$

$$\lambda = \sqrt{2}/\sqrt{Du} \tag{4-17}$$

由核估计定义知，$u$ 与 $\dfrac{x-x_i}{h_n}$ 有关，故可用 $\sqrt{Dx} = \sigma_x$ 来代替 $\sqrt{Du}$，即

$$\lambda = \sqrt{2}/\sigma_x \tag{4-18}$$

为计算方便，参考前面关于窗宽的选择方法，取窗宽为 $h = 1.06\sigma_x n^{-1/5}$（变换后的新样本密度函数比较平坦，窗宽的选择对结果影响相对较小），下面讨论设计值的具体推求：

假设给定频率 $p(0<p<1)$

$$p = \int_{x_p}^{\infty} \hat{f}(x)\,dx = \frac{1}{n}\sum_{i=1}^{n}\int_{-\infty}^{\infty}\frac{1}{h_n}k\left(\frac{x-x_i}{h_n}\right)dx = \frac{1}{n}\sum_{i=1}^{n}E_i(x_p) \tag{4-19}$$

其中

$$E_i(x_p) = \frac{1}{h_n}\int_{-\infty}^{\infty} k\left(\frac{x-x_i}{h_n}\right)dx = \int_{\frac{x_p-x_i}{h_n}}^{\infty}\lambda e^{-\lambda|u|}du \tag{4-20}$$

$$= \begin{cases} \dfrac{1}{2}\exp\left[-\sqrt{2}(x_p-x_i)/h_n\sigma_x\right] & x_p \geqslant x_i \\[2mm] 1 - \dfrac{1}{2}\exp\left[\sqrt{2}(x_p-x_i)/h_n\sigma_x\right] & x_p < x_i \end{cases}$$

这样可以用迭代法求出相应频率 $p$ 的 $x_p$ 的估计值 $\hat{x}_p$。

## 4.2  模型的稳健性研究的相关问题

### 4.2.1  研究途径

稳健性估计就是指当前所依据的假设不成立时，其统计性能变化较小的一种估计。为了研究各种方法的稳健性及其用不同方法计算设计值时所产生的误差，在本节研究中，运用 Monte-Carlo 法，从已知总体中抽取样本（总体已知，则该分布某种频率设计值的真

值 $x_p$ 可以推求),再选用不同方法推求设计值 $\hat{x}_p$ 与设计值的真值 $x_p$ 比较,分析设计值的各类误差,根据无偏性和有效性,确定若干评判准则,分析各种方法的有效性。研究步骤如下:

(1)从每个分布的总体中抽取长度为 $N$ 的 $m$ 组样本系列,用不同的方法计算频率的设计值。

(2)分析设计值的各类误差,研究该方法的稳健性。

本书选用了下述方法,分析设计值的误差,从而多方位地研究各方法的稳健性:

(1)分别计算设计值对真值的均方误差和相对均方误差。

$$\sigma = \sqrt{\frac{\sum\limits_{i=1}^{m}(\hat{x}_{pi} - x_p)^2}{m}} \tag{4-21}$$

$$\delta = \frac{\sigma}{x_p} \times 100\% \tag{4-22}$$

式中: $\hat{x}_{pi}$ 为估计的设计频率的设计值; $x_p$ 为已知分布的设计频率的真值。

(2)计算设计值的相对误差,分析设计值对真值的平均偏差程度。

$$\vartheta = \frac{\bar{x}_p - x_p}{x_p} \times 100\% \tag{4-23}$$

其中

$$\bar{x}_p = \frac{1}{m}\sum\limits_{i=1}^{m}\hat{x}_{pi} \tag{4-24}$$

为设计频率的设计值的均值。

## 4.2.2　随机数的生成

用 Monte_Carlo 方法生成 $[0,1]$ 区间上的随机数,然后利用均匀随机数生成各种分布的随机样本,下面介绍各种分布的抽样方法。

### 4.2.2.1　P-Ⅲ型随机数的生成

设 $X$ 服从 P-Ⅲ型分布,它的密度函数为

$$f(x) = \frac{1}{\beta\Gamma(r)}\left(\frac{x-a}{\beta}\right)^{r-1}\mathrm{e}^{-\frac{x-a}{\beta}}, \quad x \geqslant a, r > 0, \beta > 0 \tag{4-25}$$

令

$$Z = \frac{x-a}{\beta} \quad 或 \quad X = a + \beta Z \tag{4-26}$$

则 $Z$ 的密度函数为

$$f(z) = \frac{1}{\Gamma(r)}z^{r-1}\mathrm{e}^{-z}, \quad z \geqslant 0 \tag{4-27}$$

则 $Z$ 服从 Gmma 分布 $\Gamma(r,1)$,可记为: $Z \sim \Gamma(r,1)$。

假设 $r = n + r'(n$ 非负, $0 < r' < 1)$, $\xi \sim \Gamma(n,1)$, $\eta \sim \Gamma(r',1)$ 且 $\xi,\eta$ 相互独立,则 $Z = \xi + \eta$,由 Gmma 分布的再生性知,若 $U_i \sim I(0,1)$,则 $\xi_i = -\ln U_i \sim \Gamma(1,1)$, $(1 = 1, 2, \cdots, n)$,从而得到

$$\xi = \sum_{i=1}^{n} \xi_i = - \sum_{i=1}^{n} \ln U_i \sim \Gamma(n,1) \tag{4-28}$$

再利用$(0,1)$区间的随机数 $U$ 可以得到随机数 $U \sim \Gamma(r',1)$，于是得到随机数 $Z = \xi + \eta$，最后由式(4-26)得 P-Ⅲ型随机数 $X = a + \beta Z$。

#### 4.2.2.2　对数正态随机数的生成

首先生成$(0,1)$内均匀分布随机数，再借助 Box-Muller 变换对随机数做正态化变换：

$$\left.\begin{array}{l} X_1 = \sqrt{-2\ln U_1} \cos(2\pi U_2) \\ X_2 = \sqrt{-2\ln U_1} \sin(2\pi U_2) \end{array}\right\} \tag{4-29}$$

其中，$U_i \sim I(0,1)$，$X_i \sim N(0,1)$、$(i=1,2)$，然后根据相应的总体参数 $a$、$u_y$、$\sigma_y^2$ 再做指数变换：

$$y = a + \exp(u_y + \sigma_y x) \tag{4-30}$$

其中 $X \sim N(0,1)$，即可得到对数正态分布的 $LN(a,u_y,\sigma_y^2)$ 随机数 $Y$。

### 4.2.3　设计值的估计法

我国常用的方法是适线法。它是一种集线型选配和参数估计于一体的图解法。不同拟合准则会有不同的结果。例如，在已知线型是 P-Ⅲ型的前提下，丛树铮、谭维炎等在1979年提出了各种参数估计方法的适线准则，指出用绝对值准则适线法求得的参数较为合理。本书的参数方法估计中采用广为应用的绝对值准则下的适线法为设计值的估计方法 CFM。

#### 4.2.3.1　适线法(CFM)

我国常采用适线法估计参数。因为由矩法求得的 $\bar{x}$ 是总体期望值的无偏估计，同时又满足有效性和一致性，所以通常只对 $C_v$ 及 $C_s$ 进行二维搜索。

当 $C_s$ 较小时，因为曲线比较平坦，理论曲线和经验点据拟合得较好，所以此时适线法的结果比较好。

当 $C_s$ 增大时，误差也随之增大。因为在搜索过程中，为了使目标函数$\left(\theta = \sum_{i=1}^{n} |\Delta x_i|\right)$达到最小，必须使理论曲线与大多数的经验点据拟合较好，使大多数点据的离差比较小，因此只能减小 $C_s$，这样就使 $C_s$ 的估计值偏小，加上用矩法估计的 $\bar{x}$ 也偏小，最后使搜索适线法的估计值系统偏于危险，而且 $C_s$ 越大，问题越严重。但总的来说适线法较矩法、极大似然法等估计要优。

#### 4.2.3.2　特疑值问题

在水文频率分析中，通常习惯将历史洪水和实测系列中的特大洪水称为洪水资料中的特异值。对这些特异值是保留、修正还是删除？如何处理往往因人而异。为了避免这种主观性，美国《确定洪水频率指南》中，引入了基于数理统计中假设检验原理的特异值检验方法，并规定了相应的处理方法。首先根据实测洪水，计算其对数的 $C_s$ 值，如果此值大于 0.4，则需检验特大值，即确定一个门限值，并确定相应的历史调查期，使得在该期间内所有超过门限值的洪峰流量没有遗漏。如果确定历史调查期失败，则从不连续样本中删除历史洪水,因其统计抽样特征是未知的,而超过门限的实测大洪水则仍保留在系统的记录之中。如果历史信息充分,足以确定历史调查期和门限值,则在计算样本统计特征时,所有超过门限值的洪峰量(包括历史洪水和实测大洪水)都作为特大值处理。

然而,在统计学上,上述特异值检验方法时用以检验那些来自不同总体的特异值,其目的是舍弃特异值,以便统计分析。而实测洪水系列记录中的特大洪水一般认为是与样本中其余值同分布的。由此可见,以上方法的基本前提与假设是脱离实际的,缺乏理论根据。

历史洪水或实测特大值洪水对洪水频率分布上端的推断是极为重要的。在水文频率计算中,加入不同重现期的历史洪水后,设计值的相对误差均值、相对误差方差均有所下降,历史洪水重现期越长,则下降的幅度越大,设计成果也越稳定,精度也越高,即使其重现期有较大误差也能有效地提高设计值的精度。

### 4.2.4 经验公式

将样本按大小顺序排列,设系列项数为 $n$,计算系列中项次为 $m$ 的相应值的经验频率的公式称为经验公式。

#### 4.2.4.1 简单经验公式

简单经验公式是根据古典定义得来,其形式为

$$p = \frac{m}{n} \tag{4-31}$$

其缺点是最末一项的概率为 $p = \frac{n}{n} = 1$。这不符合实际情况,不能用于小样本。

#### 4.2.4.2 海森公式

$$p_m = \frac{m - 0.5}{n} \tag{4-32}$$

当 $m = 1$ 时,$p = \frac{1 - 0.5}{n} = \frac{1}{2n}$,这就是说,要得到百年一遇的洪水只要 50 年的资料就行了,这当然是不安全的。

#### 4.2.4.3 期望值公式

$$p = \frac{m}{n + 1} \tag{4-33}$$

这个公式是由顺序统计量的分布推导的。因此,它具有较强的理论基础,而且根据此公式要获得百年一遇的结果,得需要百年的资料,比较符合实际,所以得到十分广泛的应用。本书也采用此公式。

#### 4.2.4.4 切哥达也夫公式

$$p = \frac{m - 0.3}{n + 0.4} \tag{4-34}$$

这个公式为分布的中值公式,利用近似计算,由下式计算求得:

$$\frac{n!}{(m-1)!\,(n-m)!} \int_0^{p_m} p^{m-1} (1 - p)^{n-m} \, dp = \frac{1}{2} \tag{4-35}$$

因为式(4-35)难以求得显示解,往往只求 $m=1$ 及 $m=n$ 的经验频率,其余中间项均由内插得到。

#### 4.2.4.5　其他公式

经验公式可以写为综合式:

$$p_m = \frac{m - a}{n + b} \tag{4-36}$$

式中: $a$ , $b$ 为常数,根据建立公式的条件的不同而不同。

# 4.3　密度函数变换模型的应用及稳健性分析

在各种水利工程规划设计中,需要确定满足工程要求的设计值。解决这个问题的方法主要有参数法和非参数法。这两种方法各有不足之处:参数法的缺点在于数据对假设的模型不具有稳健性,数据即使轻微偏离假设模型,也可能产生估计误差;而且有时待估函数不能用参数模型进行较好的拟合。非参数法的缺点是小样本时估计精度低,常依靠大样本保证精度。但由于非参数法不需要模型假设这一基本优点,加之计算机技术的快速发展,非参数法逐渐受到重视。本书提出洪水频率分析的非参数密度变换模型,从而避开了窗宽选择的难题,达到提高小样本估计精度的目的,为洪水频率分析提供了另外一种参考方法。

为了论证该模型的稳健性,本书进行了统计试验研究。假设两个不同的总体 P-Ⅲ 型分布和对数正态分布,对不同的总体参数及不同的样本容量,用适线法的绝对值准则以及非参数密度变换法比较了这两种估计法的稳健性。

## 4.3.1　试验设计

由于天然河流的实测水文资料比较短,一般少于 60 年,因此只有在小样本时讨论估计方法的稳健性,才会有实际的水文意义。本书选择样本容量分别为 $n=40,50,60$ ,取两种设计频率 $p_1=0.01,p_2=0.001$ 。为在一定的参数范围内讨论评价各种估计方法的稳健性,共采用 4 组总体参数(见表 4-1)。

表 4-1　总体参数值表

| 序号 | $EX$ | $C_v$ | $C_s$ |
|:---:|:---:|:---:|:---:|
| 1 | 1 000 | 0.50 | 1.50 |
| 2 | 1 000 | 0.50 | 2.00 |
| 3 | 1 000 | 1.00 | 2.50 |
| 4 | 1 000 | 1.00 | 3.50 |

## 4.3.2　计算方案

每种方案包括以下三项内容:①总体参数(见表 4-1);②样本特征: $n=40,n=50,n=60$ ;③估计方法。

#### 4.3.2.1 理论总体为 P-Ⅲ型分布

认为其生成的系列来自 P-Ⅲ型分布总体用适线法(CFM)估计设计值;认为其生成的系列来自对数正态分布(LN)用适线法(CFM)估计设计值;用非参数的密度变换法(DEM)估计设计值。

#### 4.3.2.2 理论总体为对数正态分布(LN)

认为其生成的系列来自 P-Ⅲ型分布总体,用适线法(CFM)估计设计值;认为其生成的系列来自对数正态分布(LN)用适线法(CFM)估计设计值;用非参数的密度变换法(DEM)估计设计值。

本书对 2 个总体,用 3 种估计方法比较分析了 3 组参数、3 组样本,共 144 种方案,计算成果见表 4-2~表 4-5。

### 4.3.3 估计方法的比较分析

为了分析 P-Ⅲ型分布和对数正态分布 LN 拟合理论总体是 P-Ⅲ型分布和对数正态分布 LN 的稳健性,以及非参数统计法的稳健性(见表 4-2~表 4-5),表中分别统计了设计值与真值的均方误差、相对均方误差、设计值均值的相对误差。

表 4-2　P-Ⅲ型理论总体计算成果($p = 0.01, EX = 1\,000$)

| 方案编号 | 总体参数 | 样本容量 | 估计方法或线型 | 真值 | 设计值均值 | 均方误差 | 相对均方误差(%) | 设计值均值的相对误差(%) |
|---|---|---|---|---|---|---|---|---|
| 1 | $C_v = 0.5$ $C_s = 1.5$ | 40 | P-Ⅲ | 2 665 | 2 683 | 420 | 15.75 | 0.60 |
| 2 | | 40 | LN | 2 665 | 2 836 | 529 | 19.84 | 6.41 |
| 3 | | 40 | DEM | 2 665 | 2 778 | 484 | 18.16 | 4.24 |
| 4 | $C_v = 0.5$ $C_s = 2.0$ | 40 | P-Ⅲ | 2 803 | 2 841 | 413 | 14.73 | 1.35 |
| 5 | | 40 | LN | 2 803 | 2 994 | 612 | 21.83 | 6.81 |
| 6 | | 40 | DEM | 2 803 | 2 954 | 576 | 20.54 | 5.38 |
| 7 | $C_v = 1.0$ $C_s = 2.5$ | 40 | P-Ⅲ | 4 845 | 5 041 | 1 171 | 24.16 | 4.05 |
| 8 | | 40 | LN | 4 845 | 5 223 | 1 482 | 30.58 | 7.80 |
| 9 | | 40 | DEM | 4 845 | 5 317 | 1 395 | 28.79 | 9.74 |
| 10 | $C_v = 1.0$ $C_s = 3.5$ | 40 | P-Ⅲ | 5 225 | 5 426 | 1 132 | 21.66 | 3.84 |
| 11 | | 40 | LN | 5 225 | 5 876 | 1 254 | 24.00 | 12.46 |
| 12 | | 40 | DEM | 5 225 | 5 390 | 1 165 | 22.29 | 3.15 |
| 13 | $C_v = 0.5$ $C_s = 1.5$ | 50 | P-Ⅲ | 2 665 | 2 728 | 390 | 14.63 | 2.36 |
| 14 | | 50 | LN | 2 665 | 2 864 | 482 | 18.08 | 7.46 |
| 15 | | 50 | DEM | 2 665 | 2 765 | 416 | 18.61 | 3.75 |
| 16 | $C_v = 0.5$ $C_s = 2.0$ | 50 | P-Ⅲ | 2 803 | 2 854 | 426 | 15.19 | 1.82 |
| 17 | | 50 | LN | 2 803 | 3 042 | 593 | 21.15 | 8.52 |
| 18 | | 50 | DEM | 2 803 | 3 023 | 559 | 19.94 | 7.84 |

续表 4-2

| 方案编号 | 总体参数 | 样本容量 | 估计方法或线型 | 真值 | 设计值均值 | 均方误差 | 相对均方误差(%) | 设计值均值的相对误差(%) |
|---|---|---|---|---|---|---|---|---|
| 19 | $C_v = 1.0$ | 50 | P-Ⅲ | 4 845 | 5 009 | 1 110 | 22.91 | 3.38 |
| 20 | | 50 | LN | 4 845 | 5 358 | 1 381 | 28.50 | 10.58 |
| 21 | $C_s = 2.5$ | 50 | DEM | 4 845 | 5 271 | 1 332 | 27.49 | 8.79 |
| 22 | $C_v = 1.0$ | 50 | P-Ⅲ | 5 225 | 5 352 | 1 439 | 27.54 | 2.43 |
| 23 | | 50 | LN | 5 225 | 5 941 | 1 912 | 36.59 | 10.23 |
| 24 | $C_s = 3.5$ | 50 | DEM | 5 225 | 5 767 | 1 755 | 33.58 | 10.37 |
| 25 | $C_v = 0.5$ | 60 | P-Ⅲ | 2 665 | 2 710 | 378 | 14.18 | 1.68 |
| 26 | | 60 | LN | 2 665 | 2 812 | 469 | 17.59 | 5.51 |
| 27 | $C_s = 1.5$ | 60 | DEM | 2 665 | 2 735 | 408 | 15.30 | 2.62 |
| 28 | $C_v = 0.5$ | 60 | P-Ⅲ | 2 803 | 2 832 | 408 | 14.55 | 1.03 |
| 29 | | 60 | LN | 2 803 | 2 987 | 584 | 20.83 | 6.56 |
| 30 | $C_s = 2.0$ | 60 | DEM | 2 803 | 2 965 | 546 | 19.47 | 5.77 |
| 31 | $C_v = 1.0$ | 60 | P-Ⅲ | 4 845 | 4 991 | 1 092 | 22.53 | 3.01 |
| 32 | | 60 | LN | 4 845 | 5 281 | 1 263 | 26.06 | 8.99 |
| 33 | $C_s = 2.5$ | 60 | DEM | 4 845 | 5 002 | 1 165 | 24.04 | 3.24 |
| 34 | $C_v = 1.0$ | 60 | P-Ⅲ | 5 225 | 5 251 | 1 288 | 24.65 | 0.49 |
| 35 | | 60 | LN | 5 225 | 5 832 | 1 776 | 33.99 | 11.67 |
| 36 | $C_s = 3.5$ | 60 | DEM | 5 225 | 5 614 | 1 647 | 31.52 | 7.44 |

表 4-3  P-Ⅲ型理论总体计算成果($p = 0.001, EX = 1 000$)

| 方案编号 | 总体参数 | 样本容量 | 估计方法或线型 | 真值 | 设计值均值 | 均方误差 | 相对均方误差(%) | 设计值均值的相对误差(%) |
|---|---|---|---|---|---|---|---|---|
| 37 | $C_v = 0.5$ | 40 | P-Ⅲ | 3 617 | 3 661 | 728 | 20.12 | 1.21 |
| 38 | | 40 | LN | 3 617 | 4 156 | 1 220 | 33.17 | 14.90 |
| 39 | $C_s = 1.5$ | 40 | DEM | 3 617 | 4 122 | 885 | 24.46 | 13.96 |
| 40 | $C_v = 0.5$ | 40 | P-Ⅲ | 3 954 | 4 056 | 740 | 18.71 | 2.57 |
| 41 | | 40 | LN | 3 954 | 4 867 | 1 522 | 38.49 | 23.09 |
| 42 | $C_s = 2.0$ | 40 | DEM | 3 954 | 4 339 | 911 | 23.03 | 9.73 |
| 43 | $C_v = 1.0$ | 40 | P-Ⅲ | 7 548 | 7 910 | 2 158 | 28.59 | 4.79 |
| 44 | | 40 | LN | 7 548 | 10 811 | 5 116 | 67.77 | 43.22 |
| 45 | $C_s = 2.5$ | 40 | DEM | 7 548 | 8 102 | 2 133 | 29.82 | 7.33 |

续表 4-3

| 方案编号 | 总体参数 | 样本容量 | 估计方法或线型 | 真值 | 设计值均值 | 均方误差 | 相对均方误差(%) | 设计值均值的相对误差(%) |
|---|---|---|---|---|---|---|---|---|
| 46 | $C_v = 1.0$ $C_s = 3.5$ | 40 | P-Ⅲ | 8 720 | 9 116 | 2 153 | 24.46 | 5.11 |
| 47 | | 40 | LN | 8 720 | 14 963 | 8 084 | 92.70 | 71.59 |
| 48 | | 40 | DEM | 8 720 | 8 302 | 3 121 | 35.79 | -4.58 |
| 49 | $C_v = 0.5$ $C_s = 1.5$ | 50 | P-Ⅲ | 3 617 | 3 732 | 687 | 18.99 | 3.17 |
| 50 | | 50 | LN | 3 617 | 4 115 | 1 034 | 28.58 | 13.76 |
| 51 | | 50 | DEM | 3 617 | 4 103 | 836 | 23.11 | 12.43 |
| 52 | $C_v = 0.5$ $C_s = 2.0$ | 50 | P-Ⅲ | 3 954 | 4 052 | 762 | 19.27 | 2.47 |
| 53 | | 50 | LN | 3 954 | 5 102 | 1 761 | 44.45 | 29.03 |
| 54 | | 50 | DEM | 3 954 | 4 358 | 866 | 21.90 | 10.21 |
| 55 | $C_v = 1.0$ $C_s = 2.5$ | 50 | P-Ⅲ | 7 548 | 7 879 | 2 054 | 27.21 | 4.38 |
| 56 | | 50 | LN | 7 548 | 10 826 | 4 948 | 65.55 | 43.42 |
| 57 | | 50 | DEM | 7 548 | 8 085 | 2 025 | 26.82 | 7.11 |
| 58 | $C_v = 1.0$ $C_s = 3.5$ | 50 | P-Ⅲ | 8 720 | 9 035 | 2 875 | 32.97 | 3.61 |
| 59 | | 50 | LN | 8 720 | 15 171 | 8 607 | 98.70 | 73.97 |
| 60 | | 50 | DEM | 8 720 | 8 832 | 2 726 | 31.26 | 1.28 |
| 61 | $C_v = 0.5$ $C_s = 1.5$ | 60 | P-Ⅲ | 3 617 | 3 613 | 678 | 18.74 | -0.11 |
| 62 | | 60 | LN | 3 617 | 4 001 | 992 | 27.42 | 10.61 |
| 63 | | 60 | DEM | 3 617 | 3 997 | 801 | 22.14 | 10.50 |
| 64 | $C_v = 0.5$ $C_s = 2.0$ | 60 | P-Ⅲ | 3 954 | 4 001 | 743 | 20.67 | 1.18 |
| 65 | | 60 | LN | 3 954 | 4 976 | 1 691 | 42.76 | 25.84 |
| 66 | | 60 | DEM | 3 954 | 4 263 | 821 | 20.76 | 7.81 |
| 67 | $C_v = 1.0$ $C_s = 2.5$ | 60 | P-Ⅲ | 7 548 | 7 785 | 1 965 | 26.03 | 3.13 |
| 68 | | 60 | LN | 7 548 | 10 322 | 4 658 | 61.71 | 36.75 |
| 69 | | 60 | DEM | 7 548 | 7 982 | 1 946 | 25.78 | 5.74 |
| 70 | $C_v = 1.0$ $C_s = 3.5$ | 60 | P-Ⅲ | 8 720 | 9 012 | 2 742 | 31.44 | 3.34 |
| 71 | | 60 | LN | 8 720 | 14 231 | 8 105 | 92.94 | 63.19 |
| 72 | | 60 | DEM | 8 720 | 8 697 | 2 594 | 29.74 | -0.26 |

表 4-4　对数正态理论总体计算成果($p = 0.01, EX = 1\ 000$)

| 方案编号 | 总体参数 | 样本容量 | 估计方法或线型 | 真值 | 设计值均值 | 均方误差 | 相对均方误差(%) | 设计值均值的相对误差(%) |
|---|---|---|---|---|---|---|---|---|
| 73 | $C_v = 0.5$ | 40 | LN | 2 655 | 2 705 | 427 | 16.02 | 1.88 |
| 74 | | 40 | P-Ⅲ | 2 655 | 2 596 | 531 | 19.92 | -2.58 |
| 75 | $C_s = 1.5$ | 40 | DEM | 2 655 | 2 802 | 487 | 18.27 | 5.14 |
| 76 | $C_v = 0.5$ | 40 | LN | 2 760 | 2 726 | 496 | 17.97 | -1.23 |
| 77 | | 40 | P-Ⅲ | 2 760 | 2 651 | 651 | 23.58 | -3.94 |
| 78 | $C_s = 2.0$ | 40 | DEM | 2 760 | 2 915 | 566 | 20.50 | 5.61 |
| 79 | $C_v = 1.0$ | 40 | LN | 4 672 | 4 695 | 1 149 | 24.59 | 0.49 |
| 80 | | 40 | P-Ⅲ | 4 672 | 4 397 | 1 501 | 32.12 | - 5.88 |
| 81 | $C_s = 2.5$ | 40 | DEM | 4 672 | 5 062 | 1 382 | 29.58 | 8.34 |
| 82 | $C_v = 1.0$ | 40 | LN | 4 854 | 4 820 | 1 430 | 29.46 | -0.70 |
| 83 | | 40 | P-Ⅲ | 4 854 | 4 482 | 1 911 | 39.36 | -7.66 |
| 84 | $C_s = 3.5$ | 40 | DEM | 4 854 | 5 301 | 1 640 | 33.78 | 9.20 |
| 85 | $C_v = 0.5$ | 50 | LN | 2 655 | 2 656 | 388 | 14.60 | 0.03 |
| 86 | | 50 | P-Ⅲ | 2 655 | 2 575 | 546 | 20.56 | - 3.01 |
| 87 | $C_s = 1.5$ | 50 | DEM | 2 655 | 2 839 | 421 | 15.85 | 6.93 |
| 88 | $C_v = 0.5$ | 50 | LN | 2 760 | 2 759 | 490 | 17.75 | -0.03 |
| 89 | | 50 | P-Ⅲ | 2 760 | 2 645 | 678 | 24.56 | -4.16 |
| 90 | $C_s = 2.0$ | 50 | DEM | 2 760 | 2 973 | 502 | 18.18 | 7.71 |
| 91 | $C_v = 1.0$ | 50 | LN | 4 672 | 4 661 | 1 088 | 23.28 | -0.23 |
| 92 | | 50 | P-Ⅲ | 4 672 | 4 309 | 1 563 | 33.45 | -7.76 |
| 93 | $C_s = 2.5$ | 50 | DEM | 4 672 | 5 187 | 1 176 | 25.17 | 11.02 |
| 94 | $C_v = 1.0$ | 50 | LN | 4 854 | 4 871 | 1 342 | 27.64 | 0.35 |
| 95 | | 50 | P-Ⅲ | 4 854 | 4 372 | 1 958 | 40.33 | -9.92 |
| 96 | $C_s = 3.5$ | 50 | DEM | 4 854 | 5 469 | 1 436 | 29.58 | 12.66 |
| 97 | $C_v = 0.5$ | 60 | LN | 2 655 | 2 659 | 381 | 14.35 | 0.15 |
| 98 | | 60 | P-Ⅲ | 2 655 | 2 573 | 539 | 20.30 | -3.08 |
| 99 | $C_s = 1.5$ | 60 | DEM | 2 655 | 2 789 | 412 | 15.51 | 5.04 |
| 100 | $C_v = 0.5$ | 60 | LN | 2 760 | 2 765 | 482 | 17.46 | 0.18 |
| 101 | | 60 | P-Ⅲ | 2 760 | 2 632 | 638 | 23.11 | -4.63 |
| 102 | $C_s = 2.0$ | 60 | DEM | 2 760 | 2 894 | 498 | 18.04 | 4.85 |
| 103 | $C_v = 1.0$ | 60 | LN | 4 672 | 4 625 | 986 | 21.10 | -1.00 |
| 104 | | 60 | P-Ⅲ | 4 672 | 4 258 | 1 403 | 30.02 | -8.86 |
| 105 | $C_s = 2.5$ | 60 | DEM | 4 672 | 5 123 | 1 152 | 24.65 | 9.65 |
| 106 | $C_v = 1.0$ | 60 | LN | 4 854 | 4 866 | 1 308 | 26.94 | 0.24 |
| 107 | | 60 | P-Ⅲ | 4 854 | 4 321 | 1 876 | 38.64 | -10.98 |
| 108 | $C_s = 3.5$ | 60 | DEM | 4 854 | 5 378 | 1 349 | 27.79 | 10.79 |

表 4-5 对数正态理论总体计算成果($p=0.001, EX=1\,000$)

| 方案编号 | 总体参数 | 样本容量 | 估计方法或线型 | 真值 | 设计值均值 | 均方误差 | 相对均方误差(%) | 设计值均值的相对误差(%) |
|---|---|---|---|---|---|---|---|---|
| 109 | $C_v=0.5$ | 40 | LN | 3 755 | 3 916 | 799 | 21.27 | 4.28 |
| 110 | $C_s=1.5$ | 40 | P-Ⅲ | 3 755 | 3 463 | 1 098 | 29.24 | -7.77 |
| 111 | | 40 | DEM | 3 755 | 4 152 | 851 | 22.66 | 10.57 |
| 112 | $C_v=0.5$ | 40 | LN | 4 121 | 4 132 | 938 | 22.75 | 0.26 |
| 113 | $C_s=2.0$ | 40 | P-Ⅲ | 4 121 | 3 625 | 1 396 | 33.87 | -12.03 |
| 114 | | 40 | DEM | 4 121 | 4 338 | 999 | 24.24 | 5.26 |
| 115 | $C_v=1.0$ | 40 | LN | 7 877 | 8 129 | 2 418 | 30.69 | 3.19 |
| 116 | $C_s=2.5$ | 40 | P-Ⅲ | 7 877 | 6 519 | 3 667 | 46.55 | -17.24 |
| 117 | | 40 | DEM | 7 877 | 8 242 | 2 249 | 28.55 | 4.63 |
| 118 | $C_v=1.0$ | 40 | LN | 8 876 | 9 102 | 2 831 | 31.89 | 2.54 |
| 119 | $C_s=3.5$ | 40 | P-Ⅲ | 8 876 | 6 855 | 4 802 | 54.09 | -22.76 |
| 120 | | 40 | DEM | 8 876 | 10 361 | 3 322 | 37.42 | 16.73 |
| 121 | $C_v=0.5$ | 50 | LN | 3 755 | 3 802 | 748 | 19.92 | 1.25 |
| 122 | $C_s=1.5$ | 50 | P-Ⅲ | 3 755 | 3 446 | 905 | 24.10 | -8.22 |
| 123 | | 50 | DEM | 3 755 | 4 189 | 844 | 22.47 | 11.55 |
| 124 | $C_v=0.5$ | 50 | LN | 4 121 | 4 209 | 936 | 22.71 | 2.13 |
| 125 | $C_s=2.0$ | 50 | P-Ⅲ | 4 121 | 3 627 | 1 221 | 33.66 | -11.98 |
| 126 | | 50 | DEM | 4 121 | 4 389 | 1 003 | 24.33 | 6.50 |
| 127 | $C_v=1.0$ | 50 | LN | 7 877 | 8 019 | 2 219 | 28.42 | 1.80 |
| 128 | $C_s=2.5$ | 50 | P-Ⅲ | 7 877 | 6 378 | 3 001 | 38.09 | -19.03 |
| 129 | | 50 | DEM | 7 877 | 8 312 | 2 494 | 31.66 | 5.52 |
| 130 | $C_v=1.0$ | 50 | LN | 8 876 | 9 183 | 2 831 | 31.89 | 3.45 |
| 131 | $C_s=3.5$ | 50 | P-Ⅲ | 8 876 | 6 659 | 4 147 | 46.72 | -24.97 |
| 132 | | 50 | DEM | 8 876 | 9 664 | 3 262 | 36.75 | 8.87 |
| 133 | $C_v=0.5$ | 60 | LN | 3 755 | 3 814 | 712 | 18.96 | 1.57 |
| 134 | $C_s=1.5$ | 60 | P-Ⅲ | 3 755 | 3 423 | 892 | 23.75 | -8.84 |
| 135 | | 60 | DEM | 3 755 | 4 021 | 832 | 22.15 | 7.08 |
| 136 | $C_v=0.5$ | 60 | LN | 4 121 | 4 122 | 912 | 22.13 | 0.02 |
| 137 | $C_s=2.0$ | 60 | P-Ⅲ | 4 121 | 3 741 | 1 191 | 28.90 | -9.22 |
| 138 | | 60 | DEM | 4 121 | 4 278 | 998 | 24.22 | 3.80 |
| 139 | $C_v=1.0$ | 60 | LN | 7 877 | 8 011 | 2 176 | 27.62 | 1.70 |
| 140 | $C_s=2.5$ | 60 | P-Ⅲ | 7 877 | 6 578 | 2 982 | 37.85 | -16.49 |
| 141 | | 60 | DEM | 7 877 | 8 125 | 2 469 | 31.34 | 3.14 |
| 142 | $C_v=1.0$ | 60 | LN | 8 876 | 9 125 | 2 736 | 30.82 | 2.80 |
| 143 | $C_s=3.5$ | 60 | P-Ⅲ | 8 876 | 7 753 | 3 967 | 44.69 | -12.65 |
| 144 | | 60 | DEM | 8 876 | 9 823 | 3 196 | 36.01 | 10.66 |

### 4.3.3.1　理论总体为 P-Ⅲ型分布

（1）用 P-Ⅲ型分布曲线拟合 P-Ⅲ型分布总体，由于假设线型与实际线型一致，所以设计值均值的相对误差和相对均方误差都很小，百年一遇和千年一遇的设计值均值的相对误差一般不超过 5%，相对均方误差百年一遇不超过 28%，千年一遇不超过 33%。

（2）用对数正态分布 LN 拟合 P-Ⅲ型分布总体，百年一遇设计值均值的相对误差一般不超过 14%，千年一遇设计值均值的相对误差有的较大，达到 70% 之多。相对均方误差百年一遇一般不超过 38%，千年一遇相对均方误差较大，甚至很不合理，一般超过 25%，有的达到 90% 之多。特别当 $C_v/C_s = 3.5$ 时，设计值均值的相对误差和相对均方误差都增加很大，稳定性很差。

（3）用非参数的密度变换法 DEM 估计设计值，百年一遇和千年一遇的设计值均值的相对误差一般介于以上两种情况之间，百年一遇设计值均值的相对误差不超过 10%，相对均方误差不超过 34%。千年一遇设计值均值的相对误差不超过 14%，相对均方误差不超过 36%。当 $C_v/C_s = 3.5$，设计值均值的相对误差和相对均方误差增大，稳定性降低。当 $C_v/C_s$ 值由 2 增大到 4 时，设计值均值的相对误差和相对均方误差增大。

### 4.3.3.2　理论总体为对数正态分布

（1）用对数正态分布拟合对数正态分布总体，由于假设线型与实际线型一致，所以设计值均值的相对误差和相对均方误差都很小，百年一遇和千年一遇的设计值均值的相对误差一般不超过 5%，但是存在负偏的情况。相对均方误差百年一遇不超过 30%，千年一遇不超过 33%。

（2）P-Ⅲ型分布拟合对数正态分布 LN 总体适线的稳定性较差，一般求出的设计值偏小，很不安全。百年一遇和千年一遇的设计值均值的相对误差一般都是负值，其绝对值不超过 20%，相对均方误差百年一遇不超过 40%，千年一遇不超过 54%。特别是当 $C_v/C_s = 3.5$，$C_v$ 值增加时，设计值均值的相对误差和相对均方误差都增加很大，稳定性很差。

（3）非参数的密度变换法 DEM 估计设计值，百年一遇和千年一遇的设计值均值的相对误差一般介于以上两种情况之间，百年一遇设计值均值的相对误差一般不超过 12%，千年一遇设计值均值的相对误差一般不超过 16%，相对均方误差百年一遇不超过 30%，千年一遇不超过 35%。当 $C_v/C_s = 3.5$，$C_v$ 值增加时，设计值均值的相对误差和相对均方误差增大，稳定性降低。当 $C_v/C_s$ 值由 2 增大到 4 时，设计值均值的相对误差和相对均方误差增大。

## 4.4　本章小结

本章应用非参数核估计理论和变换理论建立了洪水频率分析的密度变换模型，并对其进行了统计试验研究，用以考察模型的稳健性问题。对 P-Ⅲ型分布和对数正态分布两个理论总体，分别用适线法和非参数密度变换估计 2 种估计方法比较分析了 4 组参数、3 组样本，共 144 种方案，分别统计了设计值与真值的均方误差、相对均方误差、设计值均值的相对误差。结果显示，当理论总体与假设模型一致时，用适线法较好；当理论总体与假设模型不一致时,用适线法得到的设计值与真值的均方误差、相对均方误差、设计值均值的相对误差都很大,有的误差甚至达到 90%,很不合理。用非参数密度变换方法得到的设计值,无论理论总体与假设总体是否一致,得到的结果都是较合理的,因而具有稳健性。这里需要指出的是,当理论总体与假设总体一致时,适线法要优于非参数法。

　　本章的创新点在于针对洪水频率分析的特点,结合非参数理论、变换理论,提出了洪水频率分析的非参数密度变换模型,经过统计试验论证,模型是合理的,并且较适线法具有稳健性。

# 第 5 章　基于非参数回归变换的水文频率计算模型

## 5.1　分布函数的非参数变换估计

分布函数估计与密度估计一样有许多重要的作用。传统的分布函数非参数估计是经验分布函数,经验分布函数有很好的极限性质,当样本数量趋于无穷大时,几乎处处收敛。但是小样本时性能不好,方差较大,表现为阶梯函数,经验分布函数的不连续性使它的用途受到限制。密度和分布函数是随机变量的两种不同属性。要从密度估计得到分布函数估计,密度估计应是无偏的,方差大点不要紧,因为积分时会消除方差的影响。若要从分布函数得到密度估计,分布函数应连续光滑,有点偏差不要紧,数值微分是用邻近几个点估计一个点的微分值,对非光滑点(方差大的点)很敏感。因此,一个合理的想法是利用经验分布的无偏性加以平滑就得到偏差和方差都较小的估计。这种方法是非参数回归的一个特例,不同之处在于因变量不是事先得到的样本,而是分布函数的无偏估计点。因此,分布函数估计的第一步,是构造无偏估计点作为回归的因变量。本节采用经验分布函数作为分布函数的无偏估计。

### 5.1.1　样本经验分布函数

设 $x_1, x_2, \cdots, x_n$ 是随机样本,有分布函数 $F(x)$ ,考虑水文的特点,取经验分布函数是

$$F_n(x) = \frac{\leqslant x \text{ 的样本个数}}{n + 1} \tag{5-1}$$

对式(5-1)的经验分布函数定义:除 $x$ 为样本点外的 $F_n(x)$ 仍和式(5-1)一样,而 $x = x_i$ 处的分布函数估计值为

$$F_n(x_i) = \alpha F_n(x_{i-}) + (1 - \alpha) F_n(x_{i+}) = \frac{i - 1 + \alpha}{n + 1} \quad x_1 \geqslant x_2 \geqslant \cdots \geqslant x_n \tag{5-2}$$

式中:$\alpha$ 为 $[0, 1]$ 区间的常数,通常取 $\alpha = 1$ 。

由式(5-1)和式(5-2)定义的函数称为样本经验分布函数。

提出样本经验分布函数的理由如下:先考虑只有 1 个样本即 $n = 1$ ,样本出现对应一次伯努利试验,出现的概率是 $\alpha/2$ ,也就是样本位于 $\alpha/2$ 分位点。若样本取自中心较高且具有对称密度函数的母体,$\alpha/2 = 0.5$ 意味着单个样本位于分布的中点,对应最大的概率密度。此时的经验分布函数符合最大似然准则。对于 $n$ 个样本,由于各样本是独立同分布

的,样本分布函数值将分布函数等分。样本应位于等分后的每小块中的 $\alpha/2$ 分位点上,即各样本等间隔地位于 $(i-1-\alpha)/(n+1)$ 分位点上。这个想法与离散分布中的古典概率论一致。

显然,样本经验分布函数的性质与经验分布函数一致,由式(5-1)知,样本经验分布函数是小于或等于样本值的样本数与样本总数加一之比,因此 $F_n(x_i)$ 是二项分布随机变量,则有样本经验分布函数的均值和方差为

$$
\begin{aligned}
E[F_n(x_i)] &= F(x_i) \\
\mathrm{var}F_n(x_i) &= F(x_i)[1 - F(x_i)]/n
\end{aligned}
\tag{5-3}
$$

所以,样本经验分布函数是无偏估计,这为回归提供了好的先决条件。在样本经验分布的基础上回归,可使分布函数的方差减小。另外,以样本经验分布函数为固定点进行内插,也可得到比较光滑连续的曲线,但是这样得到的曲线保留了样本经验分布函数的方差,这个方差的最明显的证明是对内插得到的曲线进行微分,得到的密度函数估计存在许多毛刺和突起,微分对方差的敏感是检验方差存在的直观方法。

## 5.1.2　样本经验分布函数的变换回归

由前面定义知,样本经验分布函数是

$$
F_n(x_i) = \alpha F_n(x_{i-}) + (1 - \alpha)F_n(x_{i+}) = \frac{i - 1 + \alpha}{n + 1} \quad i = 1, 2, \cdots, n
\tag{5-4}
$$

记 $y_i = F_n(x_i)$,则 $(x_i, y_i)$ 构成 $R^{1*1}$ 维随机变量,可以进行非参数回归计算。但这里的 $y_i$ 不是通常回归中事先给出的样本,是分布函数在 $x_i$ 点的无偏估计。将原样本 $(x_i, y_i)$ 变成新样本 $(u_i, v_i)$,其中 $v_i$ 是均值为 1 的随机变量,$u_i$ 是均匀分布随机变量。

由于样本 $X_i$ 不是等间隔的固定点,变换回归包含自变量 $X$ 和因变量 $Y$ 的两步变换,将原样本 $(x_i, y_i)$ 变成新样本 $(u_i, v_i)$。在分布函数估计中,这两步变换可以一起完成,因为 $Y_i$ 和 $X_i$ 有一定的关系。

若采用加法迭代,变换回归的想法是:先对 $(x_i, y_i)$ 进行核回归,得到初始估计 $\hat{F}_1(x)$,在 $\hat{F}_1(x)$ 的映射下,样本 $X_i$ 可以变换成接近均匀分布的新样本 $U_i$,即

$$
U_{1,i} = \hat{F}_1(X_i)
\tag{5-5}
$$

此时的 $Y_i$ 相当于 $U_{1,i}$ 近似于 45° 斜线,则

$$
V_{1,i} = Y_i - U_{1,i} + 1
\tag{5-6}
$$

是均值为 1 的随机变量,对 $(U_{1,i}, V_{1,i})$ 进行回归就能得到偏差较小的回归曲线,然后反变回去,取

$$
\hat{F}_2(u) = V_i \text{ 关于 } U_{1,i} \text{ 的核回归} + u - 1
$$

并将 $u$ 换成 $x$,就得到分布函数的第 2 次回归,以此类推。加法迭代算法如下:

$$y_i = (i - 1 + \alpha)/(n + 1)$$

$$\hat{F}_1(x) = \sum_{i=1}^{n} y_i k\left(\frac{x - X_i}{h}\right) \Big/ \sum_{i=1}^{n} k\left(\frac{x - X_i}{h}\right)$$

$$U_{l,i} = \hat{F}_l(X_i)$$

$$u = \hat{F}_l(x)$$

$$V_{l,i} = y_i - u_{l,i} + 1$$

$$\hat{F}_{l+1}(u) = \sum_{i=1}^{n} V_{l,i} k\left(\frac{u - U_{l,i}}{h}\right) \Big/ \sum_{i=1}^{n} k\left(\frac{u - U_{l,i}}{h}\right) + u - 1$$

$$\hat{F}_{l+1}(x) = \hat{F}_{l+1}\left[\hat{F}_l^{-1}(u)\right]$$

(5-7)

式中：$\hat{f}(x)$ 为 $x$ 的密度核估计，即 $\hat{f}(x) = \dfrac{1}{nh}\sum_{i=1}^{n} k[(x-X_i)/n]$。

式(5-7)的最后一步不需要求反函数 $\hat{F}_l^{-1}(u)$，直接将 $\hat{F}_{l+1}^{-1}(u)$ 中的自变量 $u$ 换成对应的 $x$，就可以得到 $x$ 的分布函数估计。

类似地，也可以用乘法迭代计算分布函数回归，迭代方法如下：

$$y_i = \frac{i - 1 + \alpha}{n + 1}$$

$$\hat{F}_1(x) = \frac{\sum_{i=1}^{n} y_i k\left(\frac{x - X_i}{h}\right)}{\sum_{i=1}^{n} k\left(\frac{x - X_i}{h}\right)}$$

$$U_{l,i} = \hat{F}_l(X_i)$$

$$u = \hat{F}_l(x)$$

$$V_{l,i} = \frac{y_i}{\hat{F}_l(U_{l,i})}$$

$$\hat{F}_{l+1}(u) = \left[\sum_{i=1}^{n} V_{l,i} k\left(\frac{u - U_{l,i}}{h}\right) \Big/ \sum_{i=1}^{n} k\left(\frac{u - U_{l,i}}{h}\right)\right] \Big/ \hat{F}_l(u)$$

$$\hat{F}_{l+1}(x) = \hat{F}_{l+1}\left[\hat{F}_l^{-1}(u)\right]$$

(5-8)

变换回归的偏差很小，基本上是无偏回归，因样本经验分布函数也是无偏估计，所以最后得到的分布函数估计是无偏估计。

## 5.2　模型的稳健性分析

为了论证该模型的稳健性，本书进行了蒙特卡罗统计试验研究。假设 2 个不同的总体 P-Ⅲ型分布和对数正态分布，对不同的总体参数及不同的样本容量，比较了适线法和非参数核回归变换法的稳健性。

## 5.2.1　试验设计

本书选择样本容量分别为 $n = 40,50,60$,取 2 种设计频率 $p_1 = 0.01, p_2 = 0.001$。为在一定的参数范围内讨论、评价各种估计方法的稳健性,共采用 3 组总体参数(见表 5-1 和表 5-2)。

## 5.2.2　计算方案

理论总体分别采用 P-Ⅲ型分布、对数正态分布 LN,认为其生成的系列来自 P-Ⅲ型分布总体或对数正态总体 LN,分别用适线法 CFM;非参数的核回归变换法 DRM 估计设计值。对两个总体,2 种估计方法比较分析了 3 组参数、3 组样本,共 108 种方案,计算成果见表 5-1 和表 5-2。(只列出样本容量为 $n = 60$ 的结果)

## 5.2.3　参数估计稳健性评判标准

分别计算设计值对真值的均方误差和相对均方误差:

$$\sigma = \sqrt{\frac{\sum\limits_{i=1}^{m} (\hat{x}_{pi} - x_p)^2}{m}} \ ; \quad \delta = \frac{\sigma}{x_p} \times 100\% \qquad (5-9)$$

式中:$\hat{x}_{pi}$ 为估计的设计频率的设计值;$x_p$ 为已知分布的设计频率的真值。

分别计算设计值的绝对误差和相对误差,分析设计值对真值的平均偏差程度。

$$\theta = \bar{x}_p - x_p \ ; \quad \vartheta = \frac{\theta}{x_p} \times 100\% \qquad (5-10)$$

式中:$\bar{x}_p$ 为设计频率设计值的均值,$\bar{x}_p = \frac{1}{m} \sum\limits_{i=1}^{m} \hat{x}_{pi}$;$E\hat{x}_p$ 为设计值的均值;统计试验数 $m = 1\,000$ 次。

## 5.2.4　统计试验结果

统计实验结果见表 5-1、表 5-2。

表 5-1　P-Ⅲ型分布理论总体计算成果表($p_1 = 0.01, EX = 1\,000, p_2 = 0.001$)

| $C_v$ | $C_s$ | $n$ | 方法 | $E\hat{x}_{p1}$ | $\delta_{x_{p1}}$ | $\theta x_{p1}$ | $\vartheta x_{p1}$ | $E\hat{x}_{p2}$ | $\delta_{x_{p2}}$ | $\theta x_{p2}$ | $\vartheta x_{p2}$ |
|---|---|---|---|---|---|---|---|---|---|---|---|
| 0.5 | 1.5 | 60 | CFM-P | 2 710 | 0.14 | 45 | 0.02 | 361 3 | 0.19 | −4 | 0.00 |
| 0.5 | 1.5 | 60 | Ⅲ | 2 812 | 0.18 | 147 | 0.06 | 4 001 | 0.27 | 384 | 0.11 |
| 0.5 | 1.5 | 60 | CFM-L | 2 735 | 0.15 | 70 | 0.03 | 3 997 | 0.22 | 380 | 0.11 |
| 0.5 | 2.0 | 60 | N | 2 832 | 0.15 | 29 | 0.01 | 4 001 | 0.19 | 47 | 0.01 |
| 0.5 | 2.0 | 60 | DRM | 2 987 | 0.21 | 184 | 0.07 | 4 976 | 0.43 | 1 022 | 0.26 |
| 0.5 | 2.0 | 60 | CFM-P | 2 965 | 0.19 | 162 | 0.06 | 4 263 | 0.21 | 309 | 0.08 |
| 1 | 2.5 | 60 | Ⅲ | 4 991 | 0.23 | 146 | 0.03 | 7 785 | 0.26 | 237 | 0.03 |
| 1 | 2.5 | 60 | CFM-L | 5 281 | 0.26 | 436 | 0.09 | 10 322 | 0.62 | 2 774 | 0.37 |
| 1 | 2.5 | 60 | N | 5 002 | 0.24 | 157 | 0.03 | 7 982 | 0.26 | 434 | 0.06 |

注:各组真值 $x_p$ 如下:$C_v = 0.5, C_s = 1.5$ 时,$x_{p1} = 2\,665, x_{p2} = 3\,617$;$C_v = 0.5, C_s = 2.0$ 时,$x_{p1} = 2\,803, x_{p2} = 3\,954$;
$C_v = 1, C_s = 2.5$ 时,$x_{p1} = 4\,875, x_{p2} = 7\,548$。

表 5-2　对数正态分布理论总体计算成果表($p_1 = 0.01$, $EX = 1\,000$, $p_2 = 0.001$)

| $C_v$ | $C_s$ | $n$ | 方法 | $E\hat{x}_{p1}$ | $\delta_{x_{p1}}$ | $\theta x_{p1}$ | $\vartheta x_{p1}$ | $E\hat{x}_{p2}$ | $\delta_{x_{p2}}$ | $\theta x_{p2}$ | $\vartheta x_{p2}$ |
|---|---|---|---|---|---|---|---|---|---|---|---|
| 0.5 | 1.5 | 60 | CFM-P | 2 659 | 0.14 | 4 | 0.00 | 3 814 | 0.19 | 59 | 0.02 |
| 0.5 | 1.5 | 60 | Ⅲ | 2 573 | 0.20 | −82 | −0.03 | 3 423 | 0.24 | −332 | −0.09 |
| 0.5 | 1.5 | 60 | CFM-L | 2 789 | 0.16 | 134 | 0.05 | 4 021 | 0.22 | 266 | 0.07 |
| 0.5 | 2.0 | 60 | N | 2 765 | 0.17 | 5 | 0.00 | 4 122 | 0.22 | 1 | 0.00 |
| 0.5 | 2.0 | 60 | DRM | 2 632 | 0.23 | −128 | −0.05 | 3 741 | 0.29 | −380 | −0.09 |
| 0.5 | 2.0 | 60 | CFM-P | 2 894 | 0.18 | 134 | 0.05 | 4 278 | 0.24 | 157 | 0.04 |
| 1 | 2.5 | 60 | Ⅲ | 4 625 | 0.21 | −47 | −0.01 | 8 011 | 0.28 | 134 | 0.02 |
| 1 | 2.5 | 60 | CFM-L | 4 258 | 0.30 | −414 | −0.09 | 6 578 | 0.38 | −1 299 | −0.16 |
| 1 | 2.5 | 60 | N | 5 123 | 0.25 | 451 | 0.10 | 8 125 | 0.31 | 248 | 0.03 |

注:各组真值 $x_p$ 如下:$C_v = 0.5$, $C_s = 1.5$ 时,$x_{p1} = 2\,665$, $x_{p2} = 3\,755$;$C_v = 0.5$, $C_s = 2.0$ 时,$x_{p1} = 2\,760$, $x_{p2} = 4\,120$;$C_v = 1$, $C_s = 2.5$ 时,$x_{p1} = 4\,672$, $x_{p2} = 7\,877$。

### 5.2.5　估计方法的比较分析

为了分析 P-Ⅲ型分布和对数正态分布(LN)拟合理论总体是 P-Ⅲ型分布和对数正态分布(LN)的稳健性,以及非参数统计法的稳健性(见表 5-1 和表 5-2),表 5-1 和表 5-2 中分别统计了设计值与真值的均方误差、相对均方误差、设计值均值的绝对误差和设计值均值的相对误差,分析结果如下:

(1)理论总体为 P-Ⅲ型分布。

用 P-Ⅲ型分布曲线拟合 P-Ⅲ型分布总体,百年一遇和千年一遇的设计值相对误差一般不超过 1%,相对均方误差百年一遇不超过 15%,千年一遇不超过 20%;用对数正态分布(LN)拟合 P-Ⅲ型分布总体适线的稳定性较差,百年一遇和千年一遇的设计值相对误差一般超过 20%,相对均方误差百年一遇和千年一遇超过 25%;用非参数的密度变换法 DEM 估计设计值,百年一遇和千年一遇的设计值相对误差一般介于以上两种情况之间,不超过 15%,相对均方误差百年一遇不超过 15%,千年一遇不超过 20%。

(2)理论总体为对数正态分布(LN)。

用对数正态分布(LN)拟合对数正态分布总体,百年一遇和千年一遇的设计值相对误差一般不超过 8%,相对均方误差百年一遇不超过 15%,千年一遇不超过 20%;P-Ⅲ型分布拟合对数正态分布 LN 总体适线的稳定性较差,一般求出的设计值偏小,很不安全。相对均方误差百年一遇不超过 15%,千年一遇不超过 20%;非参数的回归变换法 DEM 估计设计值,百年一遇和千年一遇的设计值相对误差一般介于以上两种情况之间,不超过 15%,相对均方误差百年一遇不超过 15%,千年一遇不超过 20%。当样本容量由 40、50 增加到 60 时,相对误差和相对均方误差减小,说明样本容量增加,稳定性增加。

# 5.3　应用实例

非参数变换核估计是一个迭代过程,包括样本变换、新样本函数估计和函数反变换。

迭代过程中新样本逐步逼近最佳样本,最后经过函数反变换得到原样本的较好估计。

变换核估计的优点是窗宽和估计精度与待估计函数关系不大,因为各种分布样本都变换成接近最佳分布的样本进行估计。某些不好估计的密度函数,如具有较陡的起始部分和长尾,通过变换估计能显著改善其精度。变换估计的缺点是计算量较大,较高的估计精度是靠较多的计算量换来的。但变换估计主要用于小样本,总的计算量实际并不大。

为了更好地检验该模型的适用性,以下对具有代表性的小浪底站 77 年;宜昌站 132 年;岗南站 57 年;平山站 30 年和黄壁庄站 56 年的年最大洪峰流量系列,用 P-Ⅲ适线法和变换回归模型进行了频率分析计算,各站年最大洪峰流量系列资料表详见参考文献[8],计算成果见表 5-3。

表 5-3　小浪底站、平山站等年最大洪峰流量频率分析结果

| 测站 | 估计方法 | 参数 | | | 各种频率(%)设计值(m³/s) | | | | | |
|---|---|---|---|---|---|---|---|---|---|---|
| | | 均值 | $C_v$ | $C_s$ | 0.1 | 0.2 | 1 | 2 | 3 | 5 |
| 小浪底 | 适线法 | 8 200 | 0.5 | 4.0 | 32 400 | 29 500 | 22 900 | 20 100 | 18 400 | 16 300 |
| 宜昌 | 适线法 | 53 200 | 0.21 | 0.84 | 101 000 | 96 500 | 85 300 | 80 800 | 77 700 | 73 800 |
| 岗南 | 适线法 | 1 350 | 1.50 | 3.76 | 17 500 | 15 200 | 8 230 | 7 940 | 6 740 | 5 290 |
| 平山 | 适线法 | 1 300 | 1.80 | 4.5 | 21 800 | 18 600 | 11 700 | 9 010 | 7 470 | 5 630 |
| 黄壁庄 | 变换 | 2 150 | 1.6 | 4.00 | 30 500 | 26 400 | 17 100 | 13 400 | 11 200 | 8 750 |
| 小浪底 | 变换 | 8 200 | | | 34 112 | 30 423 | 23 561 | 20 633 | 18 904 | 16 708 |
| 宜昌 | 变换 | 53 200 | | | 107 341 | 100 107 | 87 402 | 82 511 | 79 532 | 75 921 |
| 岗南 | 变换 | 1 350 | | | 18 208 | 15 708 | 8 530 | 8 195 | 6 981 | 5 401 |
| 平山 | 变换 | 1 300 | | | 23 391 | 19 809 | 12 390 | 9 383 | 7 762 | 5 816 |
| 黄壁庄 | 变换 | 2 150 | | | 32 522 | 27 801 | 17 904 | 14 005 | 11 621 | 9 026 |

通过以上计算可以看出,用非参数回归变换模型计算出的设计值比适线法计算的值普遍偏大,频率 $P$ 大于百年以上的设计值较参数适线法计算的设计值大 3%~7%;频率 $P$ 小于百年以下的设计值较参数适线法计算的设计值大 2%~3%。

(1)我国水文频率计算一般采用参数统计的"适线法"。需要事先假定水文变量服从某种线型分布,如果假设线型和实际分布不符就会影响计算结果。非参数统计方法不需要假定线型,但是理论上要求适用于大样本。本书建立的非参数回归变换方法通过对小样本进行变换,不仅拓展了非参数统计的应用,还提高了小样本的估计精度。

(2)用蒙特卡罗统计试验方法考察模型的稳健性问题。通过对水文计算中常用的 P-Ⅲ型和对数正态分布两个总体,用参数统计的"适线法"和非参数统计的"变换回归"2 种估计方法比较分析了 3 组参数、3 组样本。结果表明,模型是稳健的,方法是合理的。

(3)以我国几个有代表性的测站的年最大洪峰流量为例,比较研究变换回归模型和参数适线法在水文频率分析计算中的结果特征,通过计算得到用非参数方法计算的水文

频率结果较适线法偏大,多种计算结果可以互相参考,为水利工程规划提供了一种有效方法。

# 5.4　本章小结

变换核估计用于洪水频率分析,是一个简单有效的方法。因为我国洪水实测资料年限一般较短,仅有几十年的观测资料系列,属于小样本。用这仅有的几十年资料推求工程上所需要的百年一遇、千年一遇,甚至万年一遇的设计洪水明显精度偏低。另外,现有的洪水频率计算方法,一般假设洪水系列来自 P-Ⅲ型总体,这与实际不一定符合,因而由此推求的设计值也有很大偏差。

本章首先从理论上分析了回归偏差产生的原因,研究了变换核回归的迭代方法,从理论上给出了回归估计的误差公式,在此基础上,讨论了最佳窗宽的选择及其算法的收敛性等问题。最后建立了洪水频率分析的变换回归模型,并将其应用于两个实例。结果显示,模型是合理的。

本章的创新点在于针对水文频率分析的特点,结合非参数理论、变换理论,提出了洪水频率分析的变换回归模型,对于小样本具有较高估计的精度。但是这种方法也有其不足之处:由于水文资料的特点,一般小频率的洪水特征值的样本数量较少,回归误差较大,因而此模型对回归曲线的外延还有待今后做进一步的研究。

# 第 6 章 基于历史洪水的非参数密度变换模型

在水文计算中,利用实测洪水系列对总体参数进行估计并据此将频率曲线外延,以推求各种设计频率的洪水是我国洪水频率计算的基本方法。如果参数估计不可靠,曲线外延就不会合理,这将使估计的设计洪水数据偏大或偏小。前者会导致投资增大,造成浪费,后者会降低工程的安全性,有可能造成巨大灾害。为了增加洪水系列的代表性,使频率曲线的外延多些依据,实践表明,在洪水频率计算中考虑历史洪水的作用,对减少抽样误差,使计算成果趋于比较合理和相对稳定的效果是明显的。

## 6.1 当前处理历史洪水的参数方法

历史洪水资料起着延长经验频率曲线,减小成果误差的作用。在洪水频率分析计算中常遇到含有一个或几个"特大值"的情况,这些特大值是历史发生的洪水,可能是实测的,也可能是调查的,通称为历史洪水。由于这些洪水出现的机会很小,可能几百年才出现一次,因此与实测系列的普通洪水不能等同看待。这种样本称为非简单随机样本。把这种样本由大到小排序,得到如下形式:

$$X_{1(N)}^* \geqslant X_{2(N)}^* \geqslant \cdots \geqslant X_{a(N)}^* \geqslant \cdots \geqslant X_{1(n)}^* \geqslant X_{2(n)}^* \geqslant \cdots \geqslant X_{(n-l)(n)}^*$$

$$\mid \longleftarrow a 项 \longrightarrow \mid \longleftarrow N-(a+n-l) 项 \longrightarrow \mid \longleftarrow n-l 项 \longrightarrow \mid$$

其中,$N$ 为非简单随机样本的容量,一般指所调查的最大洪水发生的年代至目前的年数,即最大历史洪水重现期;$n$ 为实测系列长度;$a$ 为历史洪水总数;$l$ 为作为历史洪水处理的实测特大洪水个数;$X_{s(N)}^*$ 表示由小到大排列的第 $s$ 项($s=1,2,\cdots,a$),$X_{t(n)}^*$ 表示 $n-l$ 个实测系列按由大到小排列的第 $t$ 项。可见,样本总长度为 $N$,但是有数据的总项数为 $(a+n-l)$,中间的 $N-(a+n-l)$ 项无数据。当用不连续样本估计总体参数时,可以用如下公式:

$$\overline{X} = \frac{1}{N}\left( \sum_{i=1}^{a} X_i^* + \frac{N-a}{n-l}\sum_{i=a+l}^{a+n-l} X_i^* \right) \tag{6-1}$$

$$C_{v_n} = \sqrt{\frac{1}{N-1}\left[ \sum_{i=1}^{a}(K_i^*-1)^2 + \frac{N-a}{n-l}\sum_{i=a+l}^{a+n-l}(K_i^*-1)^2 \right]} \tag{6-2}$$

$$C_{s_n} = \frac{1}{(N-3)C_{v_n}^3}\left[ \sum_{i=1}^{a}(K_i^*-1)^3 + \frac{N-a}{n-l}\sum_{i=a+l}^{a+n-l}(K_i^*-1)^3 \right] \tag{6-3}$$

其中

$$K_i^* = \frac{X_i^*}{\overline{X}}$$

然后用适线法调参,求得设计值。

# 6.2 考虑历史洪水的非参数模型

## 6.2.1 密度函数估计

假设有如图 6-1 所示的非简单样本的年最大洪水系列。

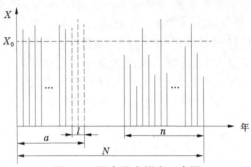

**图 6-1 历史洪水样本示意图**

其中,$N$ 为非简单样本容量,一般指所调查到的最大洪水发生的年代至目前的年数,称为最大历史洪水重现期;$n$ 为实测系列长度;$a$ 为历史洪水个数;$l$ 作为历史洪水处理的实测特大洪水个数;$X_0$ 为门限值,即图中有 $a$ 个洪水值大于或等于 $X_0$,其他 $N-a$ 项都小于门限值。我们可以按图 6-2 的分法分别求密度函数估计。

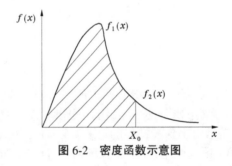

**图 6-2 密度函数示意图**

$f_2(x)$ 是 $N$ 年中洪水值大于或等于门限值 $X_0$ 的 $a$ 个洪水的概率密度,其核估计为

$$\hat{f}_2(x) = \frac{1}{N} \sum_{i=1}^{a} \frac{1}{h_n} k\left(\frac{x - x_i}{h_n}\right) \tag{6-4}$$

式中:$\hat{f}_1(x)$ 为 $N$ 年中洪水值小于门限值 $X_0$ 的 $N-a$ 个洪水样本概率的密度,其中包括 $N-(a+n-l)$ 个未知但是小于门限值 $X_0$ 的洪水,因此其核估计为

$$\hat{f}_1(x) = \frac{1}{N} \sum_{i=1}^{n-l} \frac{1}{h_n} k\left(\frac{x - x_i}{h_n}\right) \tag{6-5}$$

## 6.2.2 设计值的推求

取窗宽:

$$h_n = 1.06\sigma n^{-1/5} \tag{6-6}$$

给定频率 $p(0<p<1)$ 可得

（1）当 $x>X_0$ 时

$$\hat{p}(x) = \int_{x_p}^{\infty} \hat{f}_2(x)\,\mathrm{d}x = \frac{1}{N}\sum_i E_i(x_p) \tag{6-7}$$

其中

$$E_i(x_p) = \frac{1}{h_n}\int_{x_p}^{\infty} k\left(\frac{x-x_i}{h_n}\right)\mathrm{d}x = \frac{1}{2}\int_{\frac{x_p-x_i}{h_n}}^{\infty}\lambda\mathrm{e}^{-\lambda|u|}\mathrm{d}u \tag{6-8}$$

$$= \begin{cases} \dfrac{1}{2}\exp\left[-\sqrt{2}(x_p-x_i)/(h_n\sigma_x)\right] & x_p \geqslant x_i \\[3mm] 1-\dfrac{1}{2}\exp\left[-\sqrt{2}(x_p-x_i)/(h_n\sigma_x)\right] & x_p < x_i \end{cases}$$

（2）当 $x<X_0$ 时

$$\hat{p}(x) = \int_{x_p}^{X_0}\hat{f}_1(x)\,\mathrm{d}x + \int_{X_0}^{\infty}\hat{f}_2(x)\,\mathrm{d}x = \frac{1}{N}\sum_{i=1}^{n-l}E_i'(x_p) + \frac{1}{N}\sum_{i=1}^{a}E_i''(x_p) \tag{6-9}$$

其中

$$E_i'(x_p) = \frac{1}{h_n}\int_{x_p}^{X_0}k\left(\frac{x-x_i}{h_n}\right)\mathrm{d}x \tag{6-10}$$

$$= \begin{cases} \dfrac{1}{2}\left\{\exp\left[-\dfrac{\sqrt{2}}{\sigma_x}\left(\dfrac{x_p-x_i}{h_n}\right)\right] - \exp\left[-\dfrac{\sqrt{2}}{\sigma_x}\left(\dfrac{X_0-x_i}{h_n}\right)\right]\right\} & x_p \geqslant x_i \\[3mm] \dfrac{1}{2}\left\{\exp\left[\dfrac{\sqrt{2}}{\sigma_x}\left(\dfrac{X_0-x_i}{h_n}\right)\right] - \exp\left[\dfrac{\sqrt{2}}{\sigma_x}\left(\dfrac{x_p-x_i}{h_n}\right)\right]\right\} & x_p < x_i \end{cases}$$

$$E_i''(x_p) = \frac{1}{h_n}\int_{X_0}^{\infty}k\left(\frac{x-x_i}{h_n}\right)\mathrm{d}x \tag{6-11}$$

$$= \begin{cases} \dfrac{1}{2}\exp\left[-\sqrt{2}(X_0-x_i)/(h_n\sigma_x)\right] & X_0 \geqslant x_i \\[3mm] 1-\dfrac{1}{2}\exp\left[-\sqrt{2}(X_0-x_i)/(h_n\sigma_x)\right] & X_0 < x_i \end{cases}$$

这样就可以用迭代法求出相应频率 $p$ 的设计值 $\hat{x}_p$。

为了提高精度、减小误差，可以对原样本采用第 3 章的密度变换方法，得到最佳样本，再进行如上的运算就可以得到较精确的估计值。

## 6.3　门限值的确定及其对结果的影响分析

门限值的确定从理论上讲，应取能够给社会造成较大损失的洪峰流量值，但是这个量只能定性，很难定量，因而给门限值的确定带来了一定的困难。通常来讲，门限值 $X_0$ 应取 $a$ 个历史洪水系列中最小值，它决定着作为特大值处理的历史洪水个数 $a$。为了探讨门限

值 $X_0$ 对设计值的影响及其与历史洪水个数 $a$ 和重现期的关系,下面表 6-1 是统计试验的部分结果。

表 6-1　不同方案对设计值的影响

| $EX_0$ | $C_{v0}$ | $C_{s0}$ | $N$ | $n$ | $a$ | $B_{xp1}$ | $B_{xp2}$ |
|---|---|---|---|---|---|---|---|
| 1 000 | 0.5 | 2.0 | 100 | 30 | 1 | 1.31 | 0.98 |
| 1 000 | 0.5 | 2.0 | 100 | 30 | 3 | 0.71 | 0.87 |
| 1 000 | 0.5 | 2.0 | 100 | 30 | 5 | 0.69 | 0.71 |
| 1 000 | 1.0 | 4.0 | 100 | 50 | 1 | 1.29 | 0.92 |
| 1 000 | 1.0 | 4.0 | 100 | 50 | 3 | 0.70 | 0.85 |
| 1 000 | 1.0 | 4.0 | 100 | 50 | 5 | 0.65 | 0.69 |

### 6.3.1　试验方案设计

随机生成非连续样本,最大重现期 $N$ 取 100,$n$ 取 30、50,历史洪水个数 1、3、5,总体参数 $EX_0 = 1\,000$,$C_{v0} = 0.5$、1.0,$C_{s0}/C_{v0}$ 取 4 倍,$p_1 = 1\%$,$p_2 = 0.1\%$。统计试验次数为 1 000。对设计值采用相对误差 $B_{xp}$。

### 6.3.2　试验结果分析

从表 6-1 可以看出:实测样本个数、门限值(也就是 $a$ 的个数)和重现期的不同对结果都有影响,实测样本和历史洪水个数 $a$ 多,可以使设计值的相对误差减小,重现期增加则相对误差也增加。

## 6.4　应用实例研究

水利工程的设计需要进行洪水峰量频率计算,其计算成果的可信程度是与所用资料的代表性密切相关的,而资料的代表性又主要受到资料系列长短的制约。我国 96% 的水文测站都是中华人民共和国成立后设立的,至今仅有 50 年的实测资料系列。重要水利工程如长江三峡、黄河小浪底等都需要千年设计、万年校核洪水,设计洪水年最大值取样法每年的实测值才提供一个最大值。显然,这仅有不足 50 年的实测资料系列远远不够充分,而再等 100 年仍然不能说充分。所以,对洪水峰量频率计算来说,一方面,要开展在仅有短系列资料时洪水计算方法的研究;另一方面,要设法获取实测资料以前的大洪水资料。

### 6.4.1　沁河流域历史洪水研究

为了对沁河的水资源进行合理利用、科学规划,从 20 世纪 50 年代开始,黄河水利委员会就对沁河流域的洪水进行了调查,主要利用历史洪水调查方法,对当地的群众进行走访,并利用县志资料进行校正。经过调查,共确定了 1482 年、1895 年、1943 年、1954 年、1982 年 5 个洪水年份(见表 6-2)。其中,1943 年、1954 年洪水在 1955 年进行调查时,

表 6-2　五龙口站洪峰流量系列统计　　　　　（单位:m³/s）

| 年份 | 洪峰流量 | 年份 | 洪峰流量 |
|---|---|---|---|
| 1482 | | 1974 | 279 |
| 1895 | 5 940 | 1975 | 572 |
| 1943 | 4 100 | 1976 | 683 |
| 1953 | 1 500 | 1977 | 495 |
| 1954 | 2 520 | 1978 | 379 |
| 1955 | 1 000 | 1979 | 254 |
| 1956 | 1 360 | 1980 | 677 |
| 1957 | 1 000 | 1981 | 468 |
| 1958 | 1 520 | 1982 | 4 240 |
| 1959 | 702 | 1983 | 800 |
| 1960 | 492 | 1984 | 218 |
| 1961 | 1 110 | 1985 | 529 |
| 1962 | 1 170 | 1986 | 122 |
| 1963 | 880 | 1987 | 261 |
| 1964 | 1 040 | 1988 | 880 |
| 1965 | 168 | 1989 | 333 |
| 1966 | 1 640 | 1990 | 83.9 |
| 1967 | 737 | 1991 | 36.9 |
| 1968 | 1 310 | 1992 | 520 |
| 1969 | 250 | 1993 | 1 060 |
| 1970 | 1 370 | 1994 | 160 |
| 1971 | 1 720 | 1995 | 347 |
| 1972 | 418 | 1996 | 1 230 |
| 1973 | 1 120 | 1997 | 24.7 |

有多人亲身经历,洪水信息可靠,1982 年洪水有实测资料,1895 年洪水在调查中有多处提到,在《晋城县志》中有"清光绪二十一年,丹河水涨"的记载,其水位、水量较可信。对于 1482 年洪水,在九女台河段石刻显示的洪水位达到 464.78 m(大沽高程),估算流量达 14 000 m³/s,许多专家对九女台洪痕的指示意义的认识上存在分歧,为此,2002 年 7 月,在黄河水利委员会支持和指导下,我们采用古洪水分析与历史洪水调查相结合的方法对 1482 年大洪水进行了调查和论证。并对沁河流域的古洪水进行了研究。在这里主要介绍对五龙口水文站洪水频率分析成果。

### 6.4.2　洪水频率分析

在各种水利工程规划设计中,需要确定满足工程要求的设计值。解决这个问题的方法主要有参数统计法和非参数统计法。我国目前的计算规范中主要采用参数统计法。五龙口站具有 1943 年和 1953~1997 年共 46 年实测流量资料,并有 1895 年历史洪水,其流量为 5 940 $m^3/s$,采用参数统计法在频率计算中加入 2480±100aBP 古洪水,推算到五龙口流量为 10 000 $m^3/s$,考虑气候一致性,将其重现期定为 2 500 年。

#### 6.4.2.1　**参数统计法**

参数统计法的频率曲线线形选用 P-Ⅲ型分布,古洪水调查考证期 $N = 2\,500$ 年,实测系列长 $n = 46$ 年。

对实测系列中 $n$ 项洪水:

$$P_m = \frac{m}{n+1} \tag{6-12}$$

对古洪水及历史洪水:

$$P_M = \frac{M}{N+1} \tag{6-13}$$

洪峰流量经验频率计算见表 6-3。

洪峰流量经验频率方案一计算见表 6-3,适线结果如图 6-3 所示。方案二计算见表 6-4,适线结果如图 6-4 所示。五龙口站洪峰流量频率计算方案一、方案二结果比较见表 6-5。

#### 6.4.2.2　**非参数统计法**

利用前面建立的非参数密度变换模型对五龙口站洪峰流量频率进行分析,结果见表 6-3。经过用古洪水、参数统计方法和非参数统计方法分析论证,1482 年洪水确实存在,但流量达到 14 000 $m^3/s$ 不合理,分析其原因,由滑坡形成堰塞湖所致。通过推求古洪水流量的方法,可以判断 1482 年洪水重现期为 600~800 年。把古洪水加入洪水系列后进行频率计算,可以看到频率曲线基本合理,说明对 1482 年洪水重现期的判断是合理的。

**表 6-3　五龙口站洪峰流量经验频率计算(方案一)**

| 年份 | 洪峰流量<br>($m^3/s$) | $P_1 = M/(N+1)$ | | $P_2 = m/(n+1)$ | |
| --- | --- | --- | --- | --- | --- |
| | | 序号 $M$ | $P_1$ | 序号 $m$ | $P_2$ |
| 2480±100aBP | 10 000 | 1 | 0.04 | | |
| 1482 | | 2 | 0.08 | | |
| 1895 | 5 940 | 3 | 1.00 | | |
| 1982 | 4 240 | | | 1 | 2.24 |
| 1943 | 4 100 | | | 2 | 4.37 |
| 1954 | 2 520 | | | 3 | 6.49 |
| 1971 | 1 720 | | | 4 | 8.62 |
| 1966 | 1 640 | | | 5 | 10.74 |
| 1958 | 1 520 | | | 6 | 12.87 |

续表 6-3

| 年份 | 洪峰流量<br>（m³/s） | $P_1 = M/(N+1)$ | | $P_2 = m/(n+1)$ | |
|---|---|---|---|---|---|
| | | 序号 M | $P_1$ | 序号 m | $P_2$ |
| 1953 | 1 500 | | | 7 | 14.99 |
| 1970 | 1 370 | | | 8 | 17.12 |
| 1956 | 1 360 | | | 9 | 19.24 |
| 1968 | 1 310 | | | 10 | 21.37 |
| 1996 | 1 230 | | | 11 | 23.49 |
| 1962 | 1 170 | | | 12 | 25.62 |
| 1973 | 1 120 | | | 13 | 27.74 |
| 1961 | 1 110 | | | 14 | 29.87 |
| 1993 | 1 060 | | | 15 | 31.99 |
| 1964 | 1 040 | | | 16 | 34.12 |
| 1957 | 1 000 | | | 17 | 36.24 |
| 1955 | 1 000 | | | 18 | 38.37 |
| 1963 | 880 | | | 19 | 40.49 |
| 1988 | 880 | | | 20 | 42.62 |
| 1983 | 800 | | | 21 | 44.74 |
| 1967 | 737 | | | 22 | 46.87 |
| 1959 | 702 | | | 23 | 48.99 |
| 1976 | 683 | | | 24 | 51.12 |
| 1980 | 677 | | | 25 | 53.24 |
| 1975 | 572 | | | 26 | 55.37 |
| 1985 | 529 | | | 27 | 57.49 |
| 1992 | 520 | | | 28 | 59.62 |
| 1977 | 495 | | | 29 | 61.74 |
| 1960 | 492 | | | 30 | 63.87 |
| 1981 | 468 | | | 31 | 65.99 |
| 1972 | 418 | | | 32 | 68.12 |
| 1978 | 379 | | | 33 | 70.24 |
| 1995 | 347 | | | 34 | 72.37 |
| 1989 | 333 | | | 35 | 74.49 |
| 1974 | 279 | | | 36 | 76.62 |
| 1987 | 261 | | | 37 | 78.74 |
| 1979 | 254 | | | 38 | 80.87 |
| 1969 | 250 | | | 39 | 82.99 |
| 1984 | 218 | | | 40 | 85.12 |
| 1965 | 168 | | | 41 | 87.24 |
| 1994 | 160 | | | 42 | 89.37 |
| 1986 | 122 | | | 43 | 91.49 |
| 1990 | 83.9 | | | 44 | 93.62 |
| 1991 | 36.9 | | | 45 | 95.74 |
| 1997 | 24.7 | | | 46 | 97.87 |

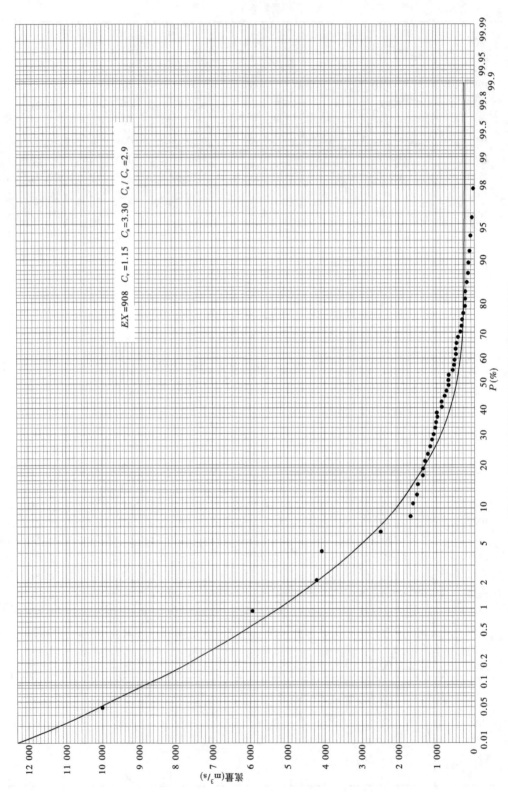

图 6-3　五龙口站洪峰流量经验频率计算方案一

表 6-4　五龙口站洪峰流量经验频率计算（方案二）

| 年份 | 洪峰流量 (m³/s) | $P_1 = M/(N+1)$ | | $P_2 = m/(n+1)$ | |
|---|---|---|---|---|---|
| | | 序号 M | $P_1$ | 序号 m | $P_2$ |
| 1482 | | 1 | 0.04 | | |
| 2480±100aBP | 100 00 | 2 | 0.08 | | |
| 1895 | 5 940 | 3 | 1.00 | | |
| 1982 | 4 240 | | | 1 | 2.24 |
| 1943 | 4 100 | | | 2 | 4.37 |
| 1954 | 2 520 | | | 3 | 6.49 |
| 1971 | 1 720 | | | 4 | 8.62 |
| 1966 | 1 640 | | | 5 | 10.74 |
| 1958 | 1 520 | | | 6 | 12.87 |
| 1953 | 1 500 | | | 7 | 14.99 |
| 1970 | 1 370 | | | 8 | 17.12 |
| 1968 | 1 310 | | | 10 | 21.37 |
| 1996 | 1 230 | | | 11 | 23.49 |
| 1962 | 1 170 | | | 12 | 25.62 |
| 1973 | 1 120 | | | 13 | 27.74 |
| 1961 | 1 110 | | | 14 | 29.87 |
| 1993 | 1 060 | | | 15 | 31.99 |
| 1964 | 1 040 | | | 16 | 34.12 |
| 1957 | 1 000 | | | 17 | 36.24 |
| 1955 | 1 000 | | | 18 | 38.37 |
| 1963 | 880 | | | 19 | 40.49 |
| 1988 | 800 | | | 20 | 42.67 |
| 1983 | 800 | | | 21 | 44.74 |
| 1967 | 737 | | | 22 | 46.87 |
| 1959 | 702 | | | 23 | 48.99 |
| 1980 | 677 | | | 25 | 53.24 |
| 1975 | 572 | | | 26 | 55.37 |
| 1985 | 529 | | | 27 | 57.49 |
| 1992 | 520 | | | 28 | 59.62 |
| 1977 | 495 | | | 29 | 61.74 |
| 1960 | 492 | | | 30 | 63.87 |
| 1981 | 468 | | | 31 | 65.99 |
| 1972 | 418 | | | 32 | 68.12 |
| 1978 | 379 | | | 33 | 70.24 |
| 1989 | 333 | | | 35 | 74.49 |
| 1974 | 279 | | | 36 | 76.62 |
| 1987 | 261 | | | 37 | 78.74 |
| 1969 | 250 | | | 39 | 82.99 |
| 1984 | 218 | | | 40 | 85.12 |
| 1994 | 160 | | | 42 | 89.37 |
| 1986 | 122 | | | 43 | 91.49 |
| 1990 | 83.9 | | | 44 | 93.62 |
| 1991 | 36.9 | | | 45 | 95.74 |
| 1997 | 24.7 | | | 46 | 97.87 |

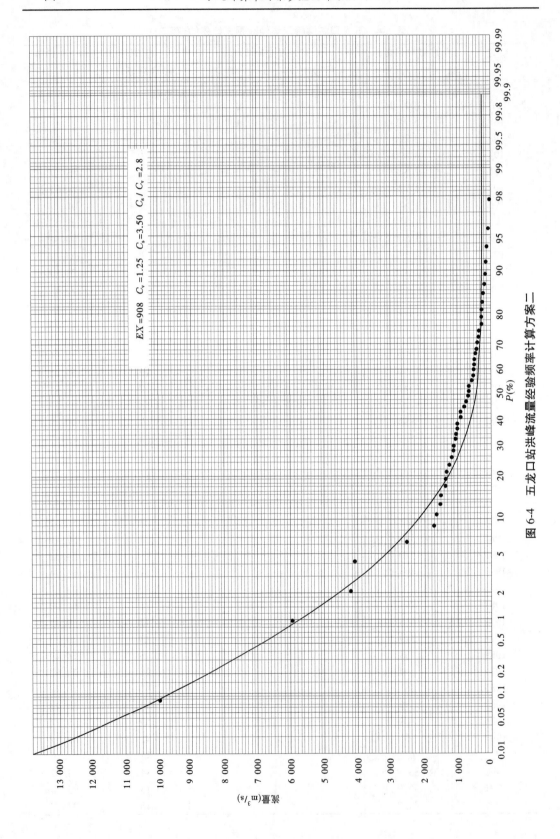

图 6-4 五龙口站洪峰流量经验频率计算方案二

**表 6-5 五龙口站洪峰流量频率计算方案一、方案二和非参数法结果比较**

| 方案 | 方法 | 参数 | | | 各种频率(%)设计值(m³/s) | | | | | |
|------|------|------|------|------|------|------|------|------|------|------|
| | | 均值 | $C_v$ | $C_s$ | 0.1 | 0.2 | 1 | 2 | 3 | 5 |
| 方案一 | 适线法 | 908 | 1.15 | 3.30 | 8 730 | 7 660 | 5 250 | 4 240 | 3 670 | 2 980 |
| 方案二 | 适线法 | 908 | 1.25 | 3.5 | 9 670 | 8 450 | 5 700 | 4 570 | 3 920 | 3 140 |
| | 非参数 | 908 | | | 10 980 | 9 103 | 5 812 | 4 615 | 3 978 | 3 197 |

## 6.4.3 频率分析

为了更好地检验该模型的适用性,以下对具有代表性的小浪底站和宜昌站等站的年最大洪峰流量用适线法和非参数统计法进行了频率分析,各站年最大洪峰流量系列及频率统计如表 6-6~表 6-10 所示。

**表 6-6 黄壁庄站年最大洪峰流量系列及频率**

| 序号 | 年份 | 流量(m³/s) | 频率(%) | 年份 | 流量(m³/s) | 年份 | 流量(m³/s) |
|------|------|------|------|------|------|------|------|
| 1 | 2500aBP | 35 000 | 0.033 | 1951 | 760 | 1973 | 1 300 |
| 2 | 1794 | 24 000 | 0.25 | 1952 | 1 330 | 1974 | 950 |
| 3 | 1853 | 17 000 | 1.02 | 1953 | 1 160 | 1975 | 2 300 |
| 4 | 1917 | 13 500 | 2.01 | 1954 | 3 700 | 1976 | 890 |
| 5 | 1956 | 13 100 | 2.51 | 1955 | 3 820 | 1977 | 1 440 |
| 6 | 1963 | 12 000 | 3.02 | 1957 | 398 | 1978 | 1 320 |
| 7 | 1939 | 8 300 | 4.02 | 1958 | 1 260 | 1979 | 1 060 |
| | 1918 | 890 | | 1959 | 3 040 | 1980 | 290 |
| | 1919 | 1 260 | | 1960 | 980 | 1981 | 310 |
| | 1920 | 140 | | 1961 | 1 100 | 1982 | 1 260 |
| | 1921 | 360 | | 1962 | 1 370 | 1983 | 380 |
| | 1926 | 879 | | 1964 | 1 850 | 1984 | 340 |
| | 1927 | 684 | | 1965 | 550 | 1985 | 680 |
| | 1929 | 1 240 | | 1966 | 6 230 | 1986 | 150 |
| | 1933 | 681 | | 1967 | 2 080 | 1987 | 320 |
| | 1934 | 1 770 | | 1968 | 920 | 1988 | 2 090 |
| | 1935 | 3 130 | | 1969 | 950 | 1989 | 270 |
| | 1936 | 1 740 | | 1970 | 860 | 1990 | 310 |
| | 1949 | 2 550 | | 1971 | 750 | 1991 | 240 |
| | 1950 | 2 450 | | 1972 | 200 | | |

注:此表选自"岗南黄壁庄水库古洪水研究复核报告"。

表 6-7　岗南站年最大洪峰流量系列及频率

| 序号 | 年份 | 流量（m³/s） | 频率（%） | 年份 | 流量（m³/s） | 年份 | 流量（m³/s） |
|---|---|---|---|---|---|---|---|
| 1 | 2000aBP | 22 300 | 0.033 | 1951 | 640 | 1972 | 100 |
| 2 | 1794 | 13 300 | 0.25 | 1952 | 1 050 | 1973 | 700 |
| 3 | 1853 | 9 700 | 1.02 | 1953 | 940 | 1974 | 350 |
| 4 | 1872 | 7 530 | 1.51 | 1954 | 2 720 | 1975 | 1 510 |
| 5 | 1917 | 6 930 | 2.01 | 1955 | 2 630 | 1976 | 590 |
| 6 | 1892 | 6 930 | 2.51 | 1957 | 333 | 1977 | 1 200 |
| 7 | 1956 | 6 930 | 3.02 | 1958 | 1 240 | 1978 | 1 060 |
|  | 1918 | 810 |  | 1959 | 2 200 | 1979 | 900 |
|  | 1919 | 1 000 |  | 1960 | 460 | 1980 | 230 |
|  | 1920 | 120 |  | 1961 | 520 | 1981 | 280 |
|  | 1921 | 340 |  | 1962 | 500 | 1982 | 690 |
|  | 1926 | 730 |  | 1963 | 4 390 | 1983 | 350 |
|  | 1927 | 590 |  | 1964 | 1 200 | 1984 | 240 |
|  | 1929 | 990 |  | 1965 | 120 | 1985 | 320 |
|  | 1933 | 590 |  | 1966 | 840 | 1986 | 50 |
|  | 1934 | 1 350 |  | 1967 | 1 450 | 1987 | 270 |
|  | 1935 | 2 200 |  | 1968 | 450 | 1988 | 1 620 |
|  | 1936 | 1 330 |  | 1969 | 500 | 1989 | 210 |
|  | 1939 | 4 250 |  | 1970 | 500 | 1990 | 70 |
|  | 1949 | 1 860 |  | 1971 | 310 | 1991 | 220 |
|  | 1950 | 1 790 |  |  |  |  |  |

注：此表选自"岗南黄壁庄水库古洪水研究复核报告"。

表 6-8　平山站年最大洪峰流量系列及频率

| 序号 | 年份 | 流量（m³/s） | 频率（%） | 年份 | 流量（m³/s） | 年份 | 流量（m³/s） |
|---|---|---|---|---|---|---|---|
| 1 | 3500aBP | 25 500 | 0.033 | 1943 | 198 | 1972 | 223 |
| 2 | 1794 | 17 300 | 0.25 | 1949 | 1 620 | 1973 | 281 |
| 3 | 1853 | 13 000 | 1.02 | 1950 | 770 | 1974 | 244 |
| 4 | 1883 | 11 000 | 1.51 | 1951 | 150 | 1975 | 1 140 |
| 5 | 1963 | 8 900 | 2.01 | 1952 | 477 | 1976 | 260 |
| 6 | 1956 | 8 750 | 2.51 | 1953 | 930 | 1977 | 544 |
| 7 | 1966 | 8 250 | 3.52 | 1954 | 2 090 | 1978 | 194 |
| 8 | 1917 | 8 200 | 4.02 | 1955 | 567 | 1979 | 151 |
| 9 | 1939 | 6 000 | 4.52 | 1957 | 346 | 1980 | 75 |
|  | 1918 | 240 |  | 1958 | 286 | 1981 | 210 |
|  | 1919 | 470 |  | 1959 | 1 100 | 1982 | 568 |

续表 6-8

| 序号 | 年份 | 流量(m³/s) | 频率(%) | 年份 | 流量(m³/s) | 年份 | 流量(m³/s) |
|---|---|---|---|---|---|---|---|
| | 1920 | 130 | | 1960 | 627 | | |
| | 1921 | 200 | | 1961 | 325 | 1983 | 428 |
| | 1926 | 160 | | 1962 | 762 | 1984 | 95 |
| | 1927 | 223 | | 1964 | 831 | 1985 | 302 |
| | 1928 | 1 230 | | 1965 | 215 | 1986 | 111 |
| | 1929 | 340 | | 1967 | 414 | 1987 | 108 |
| | 1933 | 440 | | 1968 | 257 | 1988 | 466 |
| | 1934 | 280 | | 1969 | 988 | 1989 | 125 |
| | 1935 | 1 780 | | 1970 | 350 | 1990 | 330 |
| | 1936 | 280 | | 1971 | 695 | 1991 | 50 |
| | 1942 | 273 | | | | | |

注:此表选自"岗南黄壁庄水库古洪水研究复核报告"。

表 6-9　小浪底站年最大洪峰流量系列及频率

| 序号 | 年份 | 流量(m³/s) | 频率(%) | 年份 | 流量(m³/s) | 年份 | 流量(m³/s) |
|---|---|---|---|---|---|---|---|
| 1 | 2360aBP | 38 000 | 0.04 | 1943 | 9 000 | 1972 | 8 300 |
| 2 | 1843 | 32 500 | 0.08 | 1944 | 4 600 | 1973 | 4 900 |
| | 1919 | 10 400 | | 1945 | 5 100 | 1974 | 6 700 |
| | 1920 | 5 400 | | 1946 | 10 000 | 1975 | 5 700 |
| | 1921 | 7 400 | | 1950 | 5 800 | 1976 | 8 600 |
| | 1922 | 5 300 | | 1951 | 9 800 | 1977 | 14 200 |
| | 1923 | 7 700 | | 1952 | 5 800 | 1978 | 6 900 |
| | 1924 | 3 200 | | 1953 | 11 200 | 1979 | 10 400 |
| | 1925 | 10 000 | | 1954 | 12 800 | 1980 | 3 180 |
| | 1926 | 5 700 | | 1955 | 5 710 | 1981 | 6 200 |
| | 1927 | 4 400 | | 1956 | 7 260 | 1982 | 9 340 |
| | 1928 | 3 600 | | 1957 | 6 990 | 1983 | 6 240 |
| | 1929 | 8 000 | | 1958 | 17 000 | 1984 | 6 510 |
| | 1930 | 5 200 | | 1959 | 8 920 | 1985 | 5 820 |
| | 1931 | 4 200 | | 1960 | 5 800 | 1986 | 4 030 |
| | 1932 | 7 600 | | 1961 | 7 500 | 1987 | 4 530 |
| | 1933 | 20 000 | | 1962 | 4 400 | 1988 | 7 020 |
| | 1934 | 7 600 | | 1963 | 5 800 | 1989 | 6 830 |
| | 1935 | 12 300 | | 1964 | 12 400 | 1990 | 4 280 |
| | 1936 | 11 200 | | 1965 | 5 200 | 1991 | 4 140 |
| | 1937 | 10 700 | | 1966 | 9 800 | 1992 | 4 420 |
| | 1938 | 7 600 | | 1967 | 14 700 | 1993 | 3 650 |
| | 1939 | 6 800 | | 1968 | 7 000 | 1994 | 6 370 |
| | 1940 | 9 900 | | 1969 | 7 000 | 1995 | 3 950 |
| | 1941 | 5 100 | | 1970 | 10 200 | 1996 | 6 060 |
| | 1942 | 16 200 | | 1971 | 10 500 | 1997 | 3 940 |

表 6-10　宜昌站日平均流量系列及频率

| 序号 | 年份 | 流量 (m³/s) | 频率 (%) | 序号 | 年份 | 流量 (m³/s) | 频率 (%) | 序号 | 年份 | 流量 (m³/s) | 频率 (%) |
|---|---|---|---|---|---|---|---|---|---|---|---|
| 1 | 1870 | 105 000 | 0.12 | 45 | 1935 | 56 900 | 30.26 | 89 | 1992 | 47 700 | 65.13 |
| 2 | 1227 | 96 300 | 0.24 | 46 | 1968 | 56 700 | 31.06 | 90 | 1886 | 47 500 | 65.92 |
| 3 | 1560 | 93 600 | 0.35 | 47 | 1999 | 56 700 | 31.85 | 91 | 1988 | 47 400 | 66.72 |
| 4 | 1153 | 92 800 | 0.47 | 48 | 1923 | 56 600 | 32.64 | 92 | 1899 | 46 800 | 67.51 |
| 5 | 1860 | 92 500 | 0.59 | 49 | 1903 | 56 300 | 33.43 | 93 | 1906 | 46 300 | 68.3 |
| 6 | 1788 | 86 000 | 0.71 | 50 | 1893 | 56 000 | 34.23 | 94 | 1912 | 46 100 | 69.09 |
| 7 | 1796 | 82 200 | 0.82 | 51 | 1895 | 55 800 | 35.02 | 95 | 1934 | 45 900 | 69.89 |
| 8 | 1613 | 81 000 | 0.94 | 52 | 1962 | 55 600 | 35.81 | 96 | 1979 | 45 500 | 70.68 |
| 9 | 1896 | 71 100 | 1.73 | 53 | 1984 | 55 500 | 36.6 | 97 | 1975 | 45 500 | 71.47 |
| 10 | 1981 | 69 500 | 2.53 | 54 | 1956 | 55 400 | 37.4 | 98 | 1970 | 45 300 | 72.26 |
| 11 | 1945 | 67 500 | 3.32 | 55 | 1883 | 54 700 | 39.19 | 99 | 1914 | 45 100 | 73.06 |
| 12 | 1954 | 66 100 | 4.11 | 56 | 1980 | 54 600 | 38.98 | 100 | 1985 | 44 900 | 73.85 |
| 13 | 1921 | 64 800 | 4.9 | 57 | 1952 | 54 500 | 39.77 | 101 | 1894 | 44 800 | 74.64 |
| 14 | 1931 | 64 600 | 5.7 | 58 | 1955 | 53 800 | 40.57 | 102 | 1943 | 44 300 | 75.43 |
| 15 | 1892 | 64 600 | 6.49 | 59 | 1939 | 53 600 | 41.36 | 103 | 1910 | 44 000 | 76.23 |
| 16 | 1905 | 64 400 | 7.28 | 60 | 1957 | 53 500 | 42.15 | 104 | 1986 | 43 800 | 77.02 |
| 17 | 1922 | 63 000 | 8.07 | 61 | 1959 | 53 500 | 42.94 | 105 | 1963 | 43 700 | 77.81 |
| 18 | 1936 | 62 300 | 8.87 | 62 | 1951 | 53 400 | 43.74 | 106 | 1902 | 43 500 | 78.6 |
| 19 | 1937 | 61 900 | 9.66 | 63 | 1913 | 53 300 | 44.53 | 107 | 1927 | 43 300 | 79.4 |
| 20 | 1908 | 61 800 | 10.45 | 64 | 1961 | 53 200 | 45.32 | 108 | 1924 | 42 700 | 80.19 |
| 21 | 1919 | 61 700 | 11.24 | 65 | 1983 | 52 600 | 46.11 | 109 | 1916 | 42 600 | 80.98 |
| 22 | 1998 | 61 700 | 12.04 | 66 | 2000 | 52 300 | 46.91 | 110 | 1904 | 42 400 | 81.77 |
| 23 | 1920 | 61 500 | 12.83 | 67 | 1890 | 52 200 | 47.7 | 111 | 1978 | 42 300 | 82.57 |
| 24 | 1946 | 61 200 | 13.62 | 68 | 1897 | 52 000 | 48.49 | 112 | 1885 | 42 100 | 83.36 |
| 25 | 1938 | 61 200 | 14.41 | 69 | 1960 | 51 800 | 49.28 | 113 | 1884 | 41 900 | 84.15 |
| 26 | 1909 | 61 100 | 15.21 | 70 | 1993 | 51 600 | 50.07 | 114 | 1932 | 41 900 | 84.94 |
| 27 | 1917 | 61 000 | 16.00 | 71 | 1973 | 51 500 | 50.87 | 115 | 1969 | 41 900 | 85.74 |
| 28 | 1974 | 61 000 | 16.79 | 72 | 1889 | 51 200 | 51.66 | 116 | 1990 | 41 800 | 86.53 |
| 29 | 1926 | 60 800 | 17.58 | 73 | 1928 | 50 700 | 52.45 | 117 | 1881 | 41 600 | 87.32 |
| 30 | 1898 | 60 600 | 18.38 | 74 | 1947 | 50 400 | 53.24 | 118 | 1967 | 41 200 | 88.11 |
| 31 | 1989 | 60 200 | 19.17 | 75 | 1991 | 50 400 | 54.04 | 119 | 1996 | 41 100 | 88.91 |
| 32 | 1966 | 59 600 | 19.96 | 76 | 1918 | 50 200 | 54.83 | 120 | 1940 | 40 900 | 89.7 |
| 33 | 1987 | 59 600 | 20.75 | 77 | 1880 | 50 200 | 55.62 | 121 | 1925 | 40 800 | 90.49 |
| 34 | 1958 | 59 500 | 21.55 | 78 | 1964 | 49 700 | 56.41 | 122 | 1995 | 40 200 | 91.28 |
| 35 | 1982 | 59 000 | 22.34 | 79 | 1976 | 49 300 | 57.21 | 123 | 1915 | 40 200 | 92.08 |
| 36 | 1949 | 57 900 | 23.13 | 80 | 1933 | 49 100 | 58.00 | 124 | 1977 | 38 600 | 92.87 |
| 37 | 1901 | 57 900 | 23.92 | 81 | 1911 | 49 100 | 58.79 | 125 | 1 944 | 37 600 | 93.66 |
| 38 | 1950 | 57 800 | 24.72 | 82 | 1887 | 48 800 | 59.58 | 126 | 1929 | 36 400 | 94.45 |
| 39 | 1891 | 57 700 | 25.51 | 83 | 1953 | 48 500 | 60.38 | 127 | 1972 | 35 100 | 95.25 |
| 40 | 1941 | 57 400 | 26.3 | 84 | 1907 | 48 500 | 61.17 | 128 | 1877 | 33 900 | 96.04 |
| 41 | 1888 | 57 400 | 27.09 | 85 | 1965 | 48 400 | 61.96 | 129 | 1971 | 33 800 | 96.83 |
| 42 | 1879 | 57 200 | 27.89 | 86 | 1997 | 48 200 | 62.75 | 130 | 1900 | 33 000 | 97.62 |
| 43 | 1878 | 57 200 | 28.68 | 87 | 1882 | 48 100 | 63.55 | 131 | 1994 | 31 500 | 98.42 |
| 44 | 1948 | 56 900 | 29.47 | 88 | 1930 | 48 000 | 64.34 | 132 | 1942 | 29 800 | 99.21 |

#### 6.4.3.1　岗南、平山和黄壁庄洪水频率分析计算

此次计算应用了古洪水的研究成果,岗南、平山和黄壁庄三站洪水峰量系列为包括古洪水、历史洪水、实测洪水三种资料的不连续系列。现对计算中有关问题做简要说明。

**1. 历史洪水重现期的处理**

1)考证期

岗南、黄壁庄两水库从 1963 年复核初步设计水文成果开始对历史洪水考证期做了新的研究,将最远考证期年限由 1794 年向前推进至公元 1600 年。其后至今各有关单位均一致沿用这一最远考证期限。考虑到公元 1794 年发生了黄壁庄以上最大历史洪水,所以各单位也一致沿用 1794 年为本流域最长调查期限。考虑到 1917 年也为本流域发生的大洪水,而 1918 年为本流域开始有实测资料,所以各单位也一致采用 1917 年作为本流域洪水实测期的开始年。根据以上划分,本次计算亦采用:

文献考证期:公元 1600~1991 年;

洪水调查期:公元 1794~1991 年;

洪水实测期:公元 1917~1991 年。

2)大洪水分级

随着岗南、黄壁庄两水库对历史洪水的调查、复核、考证以及汇编等工作的完成,对历史洪水定量计算精度不断提高,对定性洪水分析更加深入,并且本流域又相继发生了1956 年、1963 年两次实测大洪水,因而从 1965 年以来,各单位比较一致地将黄壁庄以上的大洪水分为一般洪水、大洪水、特大洪水三级。这次设计洪水考虑到古洪水的量级均比调查历史洪水又大得多,故将古洪水列为非常洪水。这四级洪水分别为:

一般洪水,以 1955 年、1954 年为代表年;

大洪水,以 1956 年、1963 年、1917 年为代表年;

特大洪水,以 1794 年、1853 年为代表年;

非常洪水,黄壁庄站以大于 30 000 m³/s,岗南站、平山站以大于 20 000 m³/s 的古洪水为代表。

3)大洪水排位

根据历史文献和调查资料的分析,岗南、平山、黄壁庄三站从公元 1600 年以来的特大洪水有 1654 年、1668 年、1794 年、1853 年四场,其中 1654 年、1668 年两场洪水虽然三站均无定量成果,但从 1965 年以来,各设计单位经多方考证分析,比较一致地认为这四场洪水可划为公元 1600 年以来同属一个量级的特大洪水,并且认为岗南、平山、黄壁庄三站可以按相同的排位处理。但这四场洪水之间的序位如何排列,特别是 1794 年洪水的排位问题,从 1965 年以来有关设计单位排序各不相同,因而其重现期或经验频率相差较大,对设计成果影响也很大。本次设计仍采用 1981 年《选用报告》的排位意见:将 1794 年洪水排为公元 1600 年以来 392 年中的第 1 位、第 2 位;将 1853 年洪水排为公元 1600 年以来第 4 位;为了复核和验证经验频率的范围,增加重现期估算的精度,同时将 1794 年洪水排为公元 1794 年以来 198 年中的第 1 位,将 1853 年洪水排为公元 1794 年以来的第 2 位。经比

较分析后选用一定范围的经验频率,为频率适线时提供依据。

对大洪水的排位也与《选用报告》相同,如 1872 年、1883 年、1892 年、1917 年等均在 1794 年以来的 198 年中统一排位,对其中发生在实测期内的 1956 年、1963 年、1966 年等大洪水作为特大值处理亦在 1794 年以来的 198 年中统一排位。

对 1917 年以来实测期内的大洪水排位,仍采用两种办法同时排序,一是将实测期内所有的大洪水(包括调查到的 1917 年、1914 年、1924 年、1939 年)按大小顺序统一排位,二是同时将其中量级较大的 1956 年、1963 年、1917 年等洪水提升到 1794 年以来 198 年的调查期内统一排位,实测期内除去上述作为特大值处理的大洪水外,其余一般洪水均按 1917 年以来本站实有资料年数依次排位,其首项一般洪水序号与上述经特大值处理的末项洪水序号相接。

对于有的年份在有的站未有定量但定性比较可靠的大洪水,如 1872 年、1883 年、1924 年等洪水的排位问题,做法同《选用报告》,采用了留空位的办法。

4) 重现期和经验频率的计算

根据前述特大洪水、大洪水和一般洪水发生的年限、考证期限和大小排位,则其各场洪水重现期按式(6-14)计算:

$$p = \frac{M}{N} \tag{6-14}$$

各场洪水经验频率仍采用数学期望公式:

$$p_m = \frac{M}{N+1} \tag{6-15}$$

岗南、平山、黄壁庄三站大洪水经验频率计算结果见表 6-6 ~ 表 6-8。

2. 古洪水考证期的确定

根据岗南、黄壁庄水库古洪水研究结果,岗平黄地区全新世以来得到确认的古洪水有距今 2 000 年、2 500 年、3 500 年、5 000 年、6 000 年、8 000 年共 6 场,其中岗南、平山、黄壁庄发生的最大古洪水均在距今 3 000 年左右。对以上各站古洪水的考证期和重现期的分析,从频率计算考虑,采用 8 000 年做考证期有一定的可取性,但从洪水成因分析,考虑到古气候和古地理环境的变迁,根据《河北省第四纪地质》等有关著作和专家论证,华北地区距今 3 000 年以前至 8 000 年和距今 3 000 年以来分属第四纪全新世的中全新世和晚全新世两个地质分期,中全新世温暖湿润,气候比现代要高 2 ~ 4 ℃;距今 3 000 年以来的晚全新世气候逐渐变为寒凉干燥,大气降水季节性强,气候模式和植被特征与现代基本相似。距今 3 000 年以前与 3 000 年以来产生暴雨洪水的气候条件和下垫面环境存在一定的差异。另外,按照数理统计要求产生样本的条件保持一致性的原则,将岗南、平山、黄壁庄三站发生距今 3 000 年左右的古洪水与调查历史洪水、实测洪水组成一个不连续系列是符合这一要求的。因而,将岗南站距今 2 000 年古洪水,平山距今 3 500 年的古洪水和黄壁庄站距今 2 500 年的古洪水的考证期均定为 3 000 年,并分列为首位洪水,故其经验频率为 0.033%。

3. 频率计算

（1）经验频率的选用。由于岗南、平山、黄壁庄三站现有洪水资料均属不连续系列，经比较后采用《水利水电工程设计洪水计算规范》（SL 44—2006）"方法一"估算经验频率。多数大洪水年，根据前述在不同考证期的不同排位，经验频率的估算选用均给予了一定的范围。

（2）关于古洪水经验频率和历史洪水经验频率的衔接问题。由于近代人类活动的规模不断扩大，能保留原状古洪水沉积物的场所所剩无几，要找到保存多次古洪水的系列沉积物极为困难，尽管岗南、黄壁庄古洪水研究工作从开始就注意寻找能与1794年、1853年洪水的调查水位比较的古洪水沉积物处所，但未达到目的。所以，将历史洪水放到古洪水发生年代以统一排位和确定重现期尚有困难，因而各自的经验频率有脱节现象，但是从本质上看，古洪水实际上是历史洪水的延伸，历史洪水可以看作现代的古洪水。1794年、1853年特大洪水目前不能放到3 000年中去统一排位，一方面缺乏实证，另一方面需要研究方法。一是古洪水与历史洪水之间未能连续，实际上是中间可能有遗漏大洪水，二是历史特大洪水的考证期可能太短，而这些均不是轻易能解决的问题。所以，将古洪水、历史洪水、实测洪水组成一个不连续系列，按分析确定的经验频率进行频率适线是完全可以的，实际上由于岗南、平山、黄壁庄三站调查到的最大历史洪水与古洪水成果量级不是相差很大，重现期处理基本适当，所以各洪水点据的经验频率总体分布的连续性比较好。

（3）理论频率曲线线型的选取：采用P-Ⅲ分布。

（4）适线原则和对古洪水点据的考虑：根据水利水电规划设计总院《审查意见》，考虑到黄壁庄以上流域的雨洪特征、三站差异以及该区洪水变率较大、资料较长等特点，本次适线原则为：

统筹考虑洪水点群分布，兼顾古洪水、历史洪水和实测洪水的点据；

尽量通过各点群中心，有困难时侧重考虑中部和上中部点据；

对流量或经验频率给出范围值的点据尽量从中间部分通过曲线，对精度较高的点据应使曲线尽量通过或靠近；

虽然经过大量反复计算，岗南、平山、黄壁庄古洪水和远年特大洪水有较高精度，但毕竟年限久远，适线时不宜机械地强调必须通过这些点据而脱离点群，但也不因照顾点群趋势而脱离特大点据过远。

（5）统计参数的计算与确定：先目估适线，采用三点法、绘线读点补矩法和矩法计算统计参数，然后反复适线，不断调整参数，直至满足上述的适线原则，力求达到理论设计曲线与经验点群最佳配合。

（6）频率计算成果见图6-5~图6-7，非参数法计算结果见表6-11。

### 6.4.3.2　宜昌站日平均流量频率计算

宜昌站选用实测资料系列为1877~2000年，历史洪水有1870年、1227年、1560年、1153年、1860年、1788年、1796年、1613年，采用频率见表6-10；适线结果见图6-8。

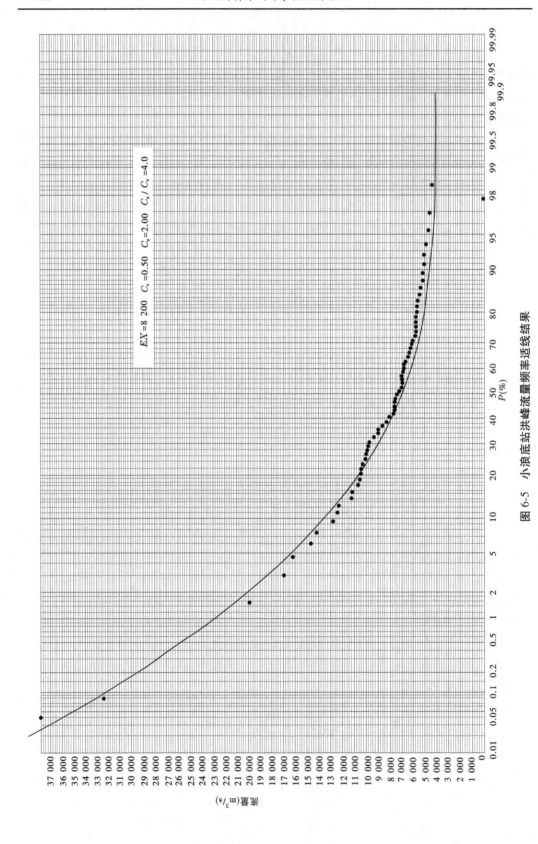

EX=8 200  $C_v$ =0.50  $C_s$ =2.00  $C_s$ / $C_v$ =4.0

流量(m³/s)

$P$(%)

图 6-5  小浪底站洪峰流量频率适线结果

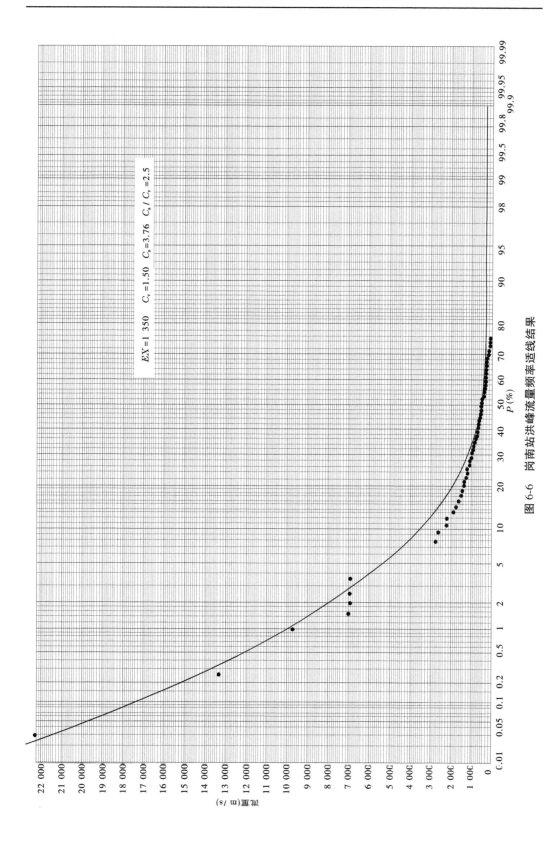

图 6-6　岗南站洪峰流量频率适线结果

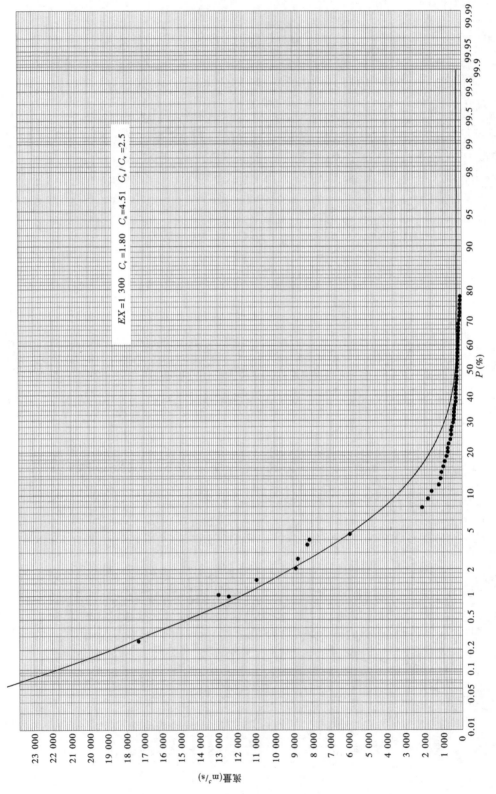

EX=1 300　$C_v$=1.80　$C_s$=4.51　$C_s$/$C_v$=2.5

流量(m³/s)

P(%)

图 6-7　平山站洪峰流量频率适线结果

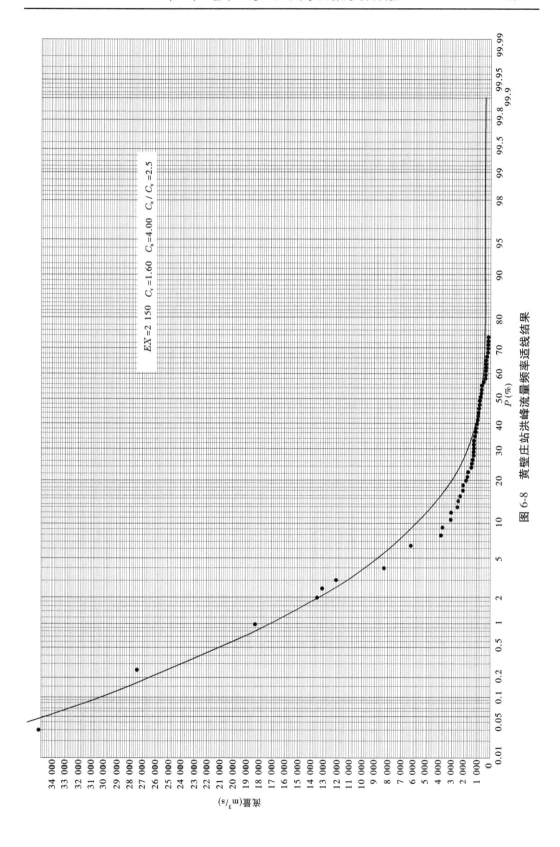

图 6-8　黄壁庄站洪峰流量频率适线结果

### 6.4.3.3　小浪底站洪水频率分析

**1. 实测洪水资料**

小浪底站实测流量资料按规范要求经过整编、刊印。1985 年 6 月编制黄河小浪底水利枢纽设计洪水报告时,插补延长了 32 年洪水资料即 1919～1943 年、1946 年、1949～1954 年。其中,1951～1954 年是将上游八里胡同站资料进行修正移用,其余年份是用陕县与小浪底峰量相关插补。

**2. 1843 年历史洪水定量及重现期的变动**

公元 1843 年,陕县至小浪底河段曾发生一场洪水。沿岸有碑文记载和歌谣相传至今。鉴于该场洪水较其他调查洪水大得多,如何解决该场洪水其量值大小、重现期长短,不仅对小浪底坝址,也对黄河下游设计洪水计算有举足轻重的影响。20 世纪 50 年代初,根据外业调查成果,1953 年张昌龄用控制断面法计算了 1843 年洪水洪峰流量为 36 000 m³/s。1976 年,水电部审查黄河下游特点洪水时,同意 1843 年洪水作为陕县断面首大洪水,洪峰流量为 36 000 m³/s,重现期按 1765 年在万锦滩设水尺以来最大洪水计,为 210 年。1980 年将系列延长 7 年基础上,陕县 1843 年洪峰流量重现期修改为 600～1 000 年。1985 年在延长资料的基础上,根据 80 年代初完成的《1843 年历史洪水研究报告》和《黄河流域洪水调查资料汇编》,全面地分析、计算了小浪底、三门峡、花园口、三门峡—花园口间区(简称三花间)等干流和有关区间设计洪水,小浪底站 1843 年洪峰流量是按附近调查到的洪水位,推算为 32 500 m³/s,重现期仍采用 1 000 年。

**3. 古洪水**

利用古洪水研究方法,可以得到更为长远的古洪水信息和考证期,对小浪底水利枢纽工程设计洪水是非常必要的。2360a.B.P 的洪水沉积物是粉沙质,结合沉积物重矿物种类和所含孢粉类型分析结果,以及黄河中游特大洪水组成规律认识,该场洪水应主要来自三门峡以上。为此,利用两站洪峰比值 1.18 来进行推算。小浪底站该场洪水洪峰流量为 38 000 m³/s。综合有关全新世以来黄河上游环境变迁方面的最新研究成果,距今 2 500 年前后气候特性相比,不仅年雨量均值差别大,且暴雨强度和常见暴雨类型也有所改变,由此,将影响坝址洪水量级与洪水地区组成规律变化。距今 2 000 年以来,黄河中游植被经历了一个破坏过程,导致对径流的截、滞、蓄作用削弱,加大了洪水位、枯水位变幅,但是对特大暴雨洪水影响有限。所以,在综合各方面影响因素后,取距今 2 500 年作为考证期的时界,是比较合适的,这保证了频率计算成果的稳定性。

**4. 洪水频率分析**

将 2360a.B.P 发生的古洪水,连同 1843 年历史洪水和实测洪水的洪峰流量,作为统计的不连续系列进行频率计算。将 2360a.B.P 古洪水作为考证期为 2 500 年以来首大洪水,1843 年洪水为第二大洪水排位,与实测序列计算其经验频率。3 个分布参数先用公式初步估算,再用目估适线加以调整,最后选定。理论频率曲线选用 P-Ⅲ型。频率计算结果见图 6-9,非参数法计算结果见表 6-11。

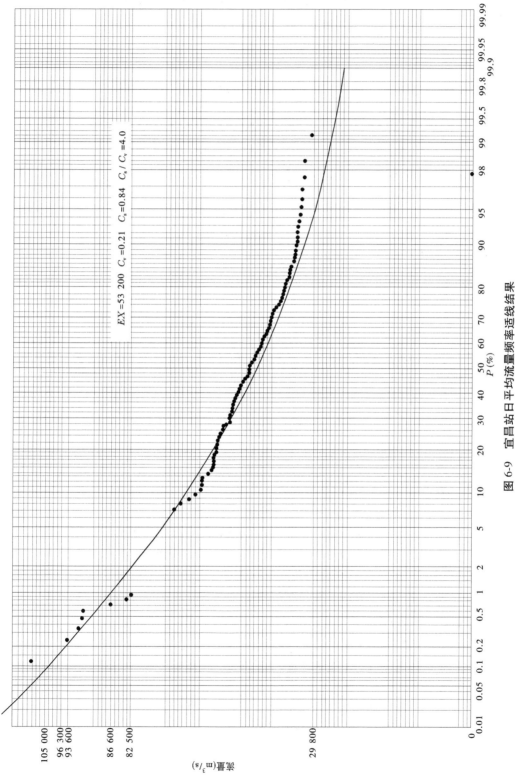

图 6-9 宜昌站日平均流量频率适线结果

表 6-11 小浪底站、平山站等站洪峰流量频率分析结果

| 测站 | 估计方法 | 参数 | | | 各种频率(%)设计值(m³/s) | | | | | | |
|------|----------|------|------|------|------|------|------|------|------|------|------|
| | | 均值 | $C_v$ | $C_s$ | 0.1 | 0.2 | 1 | 2 | 3 | 5 | |
| 小浪底 | 适线法 | 8 200 | | 0.5 | 4.0 | 32 400 | 29 500 | 22 900 | 20 100 | 18 400 | 16 300 |
| 宜昌 | 适线法 | 53 200 | | 0.21 | 0.84 | 10 100 | 96 700 | 85 300 | 80 800 | 77 700 | 73 800 |
| 岗南 | 适线法 | 1 350 | | 1.50 | 3.76 | 17 500 | 15 200 | 1 000 | 7 940 | 6 740 | 5 290 |
| 平山 | 适线法 | 1 300 | | 1.8 | 4.5 | 21 800 | 18 600 | 11 700 | 9 010 | 7 470 | 5 630 |
| 黄壁庄 | 适线法 | 2 150 | | 1.6 | 4.00 | 30 500 | 26 400 | 17 100 | 13 400 | 11 200 | 8 750 |
| 小浪底 | 非参数 | 8 200 | | | | 34 112 | 30 223 | 23 661 | 22 003 | 19 904 | 16 808 |
| 宜昌 | 非参数 | 53 200 | | | | 11 234 | 98 107 | 87 402 | 82 511 | 78 232 | 74 921 |
| 岗南 | 非参数 | 1 350 | | | | 17 108 | 15 208 | 9 230 | 7 185 | 5 981 | 4 601 |
| 平山 | 非参数 | 1 300 | | | | 27 510 | 22 809 | 13 390 | 10 103 | 7 512 | 5 436 |
| 黄壁庄 | 非参数 | 2 150 | | | | 32 022 | 27 801 | 17 104 | 13 105 | 11 021 | 8 106 |

非参数统计方法不需要对总体进行假设,直接通过实测数据进行计算,较参数方法具有稳健性。通过用非参数统计法和适线法进行洪水频率分析计算,两种方法可以互相对比综合分析,为设计洪水提供了另外一种参考方法。

# 6.5 本章小结

水文频率分析的主要目的是把频率曲线进行外延用以推求千年一遇或万年一遇的洪水特征值。无论用那种方法,对于内插部分,所得结果一般不会有较大差别,但是频率曲线需要外延。因此,尽量延长系列、增加可靠的历史洪水、缩短外延的幅度,是减少误差的一个途径。本章建立了考虑历史洪水的非参数变换模型,首先把原样本变换成新样本,新样本对应的函数曲线比较平缓,估计点的真实值相差很小,减少了样本点之间的变化幅度,然后按照图 6-1 和图 6-2 所示的分段方法对新样本进行核密度估计,采用 6.2.2 介绍的方法求出新样本所对应的设计值,然后通过第 2 章介绍的方法,把新样本对应的设计值再反变换回去,就可以得到原样本对应的设计值。为了研究模型的稳健性问题,用统计试验方法讨论门限值的确定及其对结果的影响分析。最后把该模型应用于小浪底、宜昌、黄壁庄、岗南、平山和五龙口洪水频率分析。结果表明,模型是合理的,为洪水频率分析提供了另外一种参考方法。

本章的创新点在于,把变换理论与核密度估计理论结合起来,建立了考虑历史洪水的非参数密度变换模型,不仅提高了小样本的估计精度,也为洪水频率分析提供了一种新的模式。应用也是成功的。

# 第 2 篇　R 语言

# 第 7 章　R 语言基础

　　R 是一种专业统计分析软件,最早于 1995 年由 Auckland 大学统计系的 Robert Gentleman 和 Ross Ihaka 等研制开发,1997 年开始免费公开发布 1.0 版本。在过去的十余年里,R 发展迅速,现已发展到 R3.0.3,且每隔一段时间更新一次。据不完全统计,在欧美等发达国家的著名高等学府,R 不仅是专业学习统计的流行教学软件,而且已成为从事统计研究的学生和统计研究人员必备的统计计算工具。

　　R 的主要特点归纳如下:

　　(1)R 是自由免费的专业统计分析软件,拥有强大的面向对象的开发环境,可以在 UNIX、Windows 和 MACINTOSH 等多种操作系统中运行。

　　(2)使用可编程语言是 R 作为专业软件的基本特点。众所周知,目前流行的许多商业统计分析软件主要是通过单击菜单完成计算和分析组合任务,用户不得不在预先定义好的统计过程中选择可能接近的模块进行数据分析,被迫接受预设的程式化输出,许多应有的对数据的观察、体验和分析判断受到很大限制,而 R 却克服了这些弱点。

　　(3)R 语言与 S 语言非常相似,虽实现方法不同,但兼容性很强。作为面向对象的语言,R 集数据的定义、插入、修改和函数计算等功能于一体,语言风格统一,可以独立完成数据分析生命周期的全部活动。作为标准的统计语言,R 几乎集中了所有程序编辑语言的优秀特点。用户可以在 R 中自由地定义各种函数,设计实验,采集数据,分析得出结论。在这个过程中,用户不仅可能延伸 R 的基本功能,而且可能自创一些特殊问题的统计过程。R 是一种解释性语言,语法与英文的正常语法和其他程序设计语言的语法表述相似,容易学习,编写的程序简练,费时较短。

　　(4)R 提供了非常丰富的 2D 和 3D 图形库,是数据可视化的先驱,能够生成从简单到复杂的各种图形,甚至可以生成动画,满足不同信息展示的需要。用户可以修改其中每个细节,调整图形的属性满足报表报送要求。R 的兼容性比较好,其图形不仅可以与 Microsoft Office 等办公软件兼容,而且可以以 pdf、ps、eps 等格式保存输出,于是就可以非常方便地输出到 Latex 等编辑排版软件中,生成高品质的科技文章。

　　(5)R 更新迅速,很多由最新的统计算法和前沿统计方法生成的程序都可能轻易地从 R 镜像(CRAN)下载到本地,它是目前发展最快,拥有方法最新、最多和最全的统计软件。

总而言之,R 从根本上摒弃了套用模型的傻瓜式数据分析模式,而是将数据分析的主动权和选择权交给使用者本身。数据分析人员可以根据问题的背景和数据的特点,更好地思考从数据出发如何选择和组合不同的方法,并将每一层输出反馈到对问题和数据处理的新思考上。R 为专业分析提供了分析的弹性、灵活性和可扩展性,是利用数据回答问题的最佳平台。

诚然,R 也存在不足,与同类的 Matlab 相比,其最大的缺点是对超大量数据的运算速度过慢,当然这是很多统计分析软件共同存在的问题。原因是 R 往往需要将全部数据加载到临时存储库中进行运算(这种情况在 R2.0 以后的版本有逐步的改善)。尽管如此,R 的免费开放源代码,使得它在与昂贵的商业分析软件的竞争中成为一枝独秀,越来越多的数据分析人员已经开始尝试和接纳 R。用 R 尝试最新的统计模型,用 R 揭开数据的秘密,用 R 实现数据的价值,用 R 发展更好的统计算法。R 突破了数据分析的商业门禁,将全球数据分析爱好者自然地集结在一起,实现平等的经验分享与思想交流。

基于以上诸多优点,R 所承载的最新方法无障碍地迅速扩展到医疗、金融、经济、商业等各领域,成为统计的时代符号。

# 7.1　R 基本概念和操作

## 7.1.1　R 环境

双击桌面上的 R 图标,启动 R 软件,就会呈现 R 窗口和 R 命令窗口"＞"符号,表示 R 等待使用者在这里输入指令。

当输入指令后,按 Enter 键就可以执行指令,如:

> 2+3
> 5

## 7.1.2　常量

R 中的常量基本分为四种类型:逻辑型、数值型、字符型和因子型。TRUE 和 FALSE 是逻辑型常量,25.6、$\pi$ 是数值型常量,某人的身份证号码"11010..."以及地名如"Beijing"是字符型常量。因子型包括分类数据和顺序数据,分类数据如:每个人的性别、学生的学号等;性别可以表示为 1(男)、0(女),1 或 0 仅仅表示不同的类别;考试成绩分为 5(优)、4(良)、3(中)、2(及格)和 1(不及格)5 个等级,对这类数据不能进行加减乘除运算。无论是字符类型还是因子类型的数据常常以数字的形态出现,但不能将它们理解成普通的整数。在许多分析中,需要将字符类型的数据转换成因子类型,以方便计算机识别。下面是生成因子的命令:

> x<-c("Beijing","Shanghai","Beijing","Beijing","Shanghai")
> y<-factor(x)
> y

[1]Beijing Shanghai Beijing Beijing Shanghai

Levels：Beijing Shanghai

也可以写为：

> y<-factor(c(1,0,1,1,0))

> y

[1] 1 0 1 1 0

Levels：1 0

这里 Levels 为因子水平，表示有哪些因子。c( ) 为连接函数，把单个标量连成向量，下面将详细介绍。有了变量名，首先可以将 y 与 0 进行比较：

> y==0

FALSE TRUE FALSE FALSE TRUE

此时，R 执行数 0 与 y 的每个值比较。对象中的数据允许出现缺失，缺失值用大写字母 NA 表示，函数 is.na(x) 返回 x 是否存在缺失值。

### 7.1.3　算术运算

算术运算是 R 中的基本运算，R 默认的运算提示符是"＞"，在"＞"后可以进行运算，下面先举几个例子。

(1) 计算 7×3，可执行如下命令：

> 7 * 3

> 21

(2) 计算 (7+2) ×3，可执行如下命令：

> (7+2) * 3

> 27

也可以调用 R 内置函数。

(3) 计算 log2(12/3)，可执行如下命令：

> log(12/3,2)

> 2

需要注意的是，求对数与底的设置有关，底称作函数的参数。R 中的函数都有不同的参数，省略时为默认值。对数函数的默认底数是常数 e，其他的常用初等函数，例如：三角函数 sin( )、cos( )、tan( )；反三角函数 acos( )、asin( )、atan( )；二值反三角函数 atan2( )；指数函数 exp( )；对数函数 log(N,a)、log(N,a) 表示 InaN；组合函数 choose( , )；求 $n$ 的阶乘 gamma(n-1)，它们都在 R 的基础包里(Base Package)。

用 ? library(base) 可以查看帮助文件，用 ? 函数名或 help(函数名) 可以查阅函数的功能、用法和参数设置。

### 7.1.4　赋值

给变量赋值用"＝"或"<-"两个字符串，比如将 3 赋给变量 $x$，用变量 $x$ 通过函数生成变量 $y$，使用命令：

> x<-3

> y = 1+x

> y = 4

需要注意的是,R 中变量名、函数名区分大小写,这与 SAS 软件不同。在 SAS 中,关键函数字和 SAS 变量名可以不区分大小写。

# 7.2　向量的生成和基本操作

统计学的研究对象是群体,所以将许多个体的观测值作为一个整体进行操作和研究在数据分析中相当普遍。例如,观察统计一个班 50 名学生的身高,显然如果能把这些数据储存在一个对象中,统一处理会很方便。将多个单一数据排列在一起,便产生了结构这个概念。在数据结构中,最简单的是向量,此时观测是一维的;如果观测是多维的,则还可以用矩阵、数组、数据框和列表等储存更为复杂的数据结构。本节以向量为例,介绍数据结构中常用的操作和函数,其他复杂的结构在 7.3 节介绍。

## 7.2.1　向量的生成

R 中有 3 个非常有用的命令可以生成向量。

### 7.2.1.1　c

c 是英文单词 concatenate 的缩写,是连接命令,它可以将单个的元素或分段的数列连接成一个更长时数别,用户只需将组成向量的每个元素列出,并用 c 组合起来即可。基本运算如下:

> a<-c(15,27,89)

> a

[1] 15 27 89

> b<-c("cat","dog","fish")

> b

[1] "cat" "dog" "fish"

### 7.2.1.2　seq

seq 是生成等差数列的命令,其语法结构如下所示:

seq(from,to,by,length,...)

其中,from 表示序列起始的数据点,to 表示序列的终点,by 表示每次递增的步长,默认状态表示步长为 1,length 表示序列长度,如:

> x = seq(1,10)

[1] 1 2 3 4 5 6 7 8 9 10

> y = seq(100,0,-20)

[1] 100 80 60 40 20 0

seq(1,10)还可用更简单的方式表示,比如:

> 1:10　　　　　　　#seq(1,10)即 1:n 表示从 1 到 n 间隔为 1 的数列.

如果我们知道序列终点可能的值,但不知道确切的终点,可以通过 length 控制得到序列：

> seq(0,1,0.05,length=10)

上面这个序列起始于 0，每次递增 0.05，生成一个有 10 个数的数值型向量。顺便提一下，length 命令可以表示向量中元素的个数，称为向量的长度，如：

> length(y)

[1]　6

#### 7.2.1.3　rep

rep 是生成循环序列的命令，它的语法结构如下所示：

rep(x,times)

其中 x 表示序列所循环的数或向量，times 表示循环重复的次数。

【例 7-1】

(1)生成由 5 个 2 组成的向量。

(2)将"1""a"依次重复 3 遍。

(3)生成依次由 10 个 1，20 个 3 和 5 个 2 组成的问量。

> rep(2,5)

2 2 2 2 2

> rep(c(1,"a"),3)

"1" "a" "1" "a" "1" "a"

> rep(c(1,3,2),c(10,20,5))

[1] 1 1 1 1 1 1 1 1 1 1 3 3 3 3 3 3 3 3 3 3 3 3 3 3 3 3 3 3

[29] 3 3 2 2 2 2 2

与 seq 类似，可以使用 length 命令控制序列的长度，比如：

> rep(c(1,4,6),length=5)

1 4 6 1 4

### 7.2.2　向量的基本操作

定义向量之后，下面介绍如何对向量进行操作。这些操作主要包括查找数据、插入数据、更新数据、删除数据、向量与向量的合并、拆分向量以及排序等。值得一提的是，这里介绍的大部分操作符对其他数据结构也适用，也就是说，对复杂的数据结构，只要对我们介绍的命令略做修改就可以使用，语法是相似的，这种统一性的特点给初学者熟悉 R 带来极大方便。

#### 7.2.2.1　向量 *a* 中第 *i* 个位置的元素表示

向量的元素从 1 开始计数，向量 *a* 中第 *i* 个位置的元素表示为 a[i]，如：

> a=2:6

> a[1]

[1]　　2

> a[length(a)]

[1]　　6

如果输入的位置超出向量的长度,则 R 输出 NA。NA 表示数据缺失,如下所示:

>a[6]

[1]      NA

提取向量 $a$ 的第 $i_1, i_2, \ldots, i_k$ 个位置上元素的语法为 $a[c(i1, i2, \ldots, ix)])$,如:

>subset1. a<-a[c(1,3,6)]

[1]     2    4    NA

>subset2. a<-a[c(1:3)]

[1]     2    3    4

### 7.2.2.2　在向量中插入新的数据

在向量 $a$ 第 $i$ 个位置后插入新数据 $z$ 的方法是:

$c(a[1:i-1], z, a[i:length(a)])$

下面在向量 $a$ 的第三个位置插入数值 9:

> anew<-c(a[1:2],9,a[3:5])

> anew

[1] 2  3  9  4  5  6

### 7.2.2.3　向量与向量的合并

将 $a$ 和 $b$ 两个向量合并为一个新向量的方法是:

> b<-c(35,40,58)

> ab<-c(a,b)

[1] 2  3  4  5  6  35  40  58

然而,值得注意的是,如果将非数值型向量和数值型向量合并,结果是所有数据类型被统一到 R 所默认的基本类型——字符型,如:

> z<-c(a,"good")

> z

[1] "2"   "3"   "4"   "5"   "6"    "good"

我们注意到,所有数据都统一为字符型,此时如果对 $a$ 进行数值运算会发生错误,如:

z * 3

错误于 z * 3:二进列运算符中有非数值变元。

### 7.2.2.4　在向量中删除数据

A[-i]表示删除向量 $a$ 的第 $i$ 个元素,如:

> delete. a<-a[-1]

> delete. a

[1] 3  4  5  6

如果要删除一串数,可以定义一个位置变量 delete.1,再做删除,比如:

> delete. 1<-c(1,3)

> again. delete. a<-delete. a[-delete. 1]

[1] 4  6

#### 7.2.2.5　更新向量中的数据

将向量 *a* 中第 5 个位置改为 22 的程序如下：

```
> a[5]<-22
> a
[1] 2  3  4  5  22
```

#### 7.2.2.6　把向量逆序排列

```
> b=1:5
> rev(b)
[1] 5  4  3  2  1
```

#### 7.2.2.7　对向量排序

对向量 *b* 排序：

```
> b=c(3,9,2,6,5)
> sort(b)
[1] 2  3  5  6  9
```

#### 7.2.2.8　去掉缺失值

去掉向量 *d* 中的缺失值：

```
> d=c(3,9,,2,NA,6,5)
> na.omit(d)
[1] 3  9  2  6  5
attr(,"na.action")
[1] 4
attr(,"class")
[1]"omit"
```

【例 7-2】 下面的程序中,score 是一组学生的非参数统计成绩,grade 是相应的学生所在年级,NA 表示该学生没有参加考试。

score=c(90,0,78,63,84,36,NA,84,58,80,75,85,72,78,86)

grade=c(3,3,3,4,3,3,3,3,3,3,3,4,3,4,4)

在 R 中实现以下功能：

(1)计算学生总人数,屏幕显示结果。

(2)计算参加考试的学生人数。

(3)没有参加考试的学生是进修生,成绩综合评定为 80,请补登成绩。

(4)将三年级和四年级的学生成绩分别生成两个新数据向量 score3 和 score4。

(5)对(4)生成的两组学生成绩数据分别由大到小排序,屏幕显示结果。

(6)将两组数据合并,取名为 task1,屏幕显示结果。

解：

(1)length(score)

15

(2) nona.score=na.omit(score);length(nona.score)

（3）score[7]＝80

（4）score3＝score［grade＝＝3］

score4＝score［grade＝＝4］

（5）descend. score3＝rev（sort（score3））；descend. score3

airdx

［1］90　86　85　84　84　80　80　78　58　36　0

descend. score4＝rev（sort（score4））；descend. score4

［1］78　75　72　63

（6）taskl＝c（descend. score3，descend. score4）；task1

［1］90　86　85　84　84　80　80　78　58　36　0　78　75　72　63

## 7.2.3　向量的运算

像标量一样，也可以对向量进行加、减、乘、除等简单运算，这里分两种情况讨论。

（1）标量和向量的运算：其结果是对向量中每一个元素进行的运算，如：

> x＝c（1,2,5）

> 2 * x

［1］2　4　10

> 10+x

［1］11　12　15

（2）向量和向量的运算：如果两个向量等长，则运算结果为对应位置元素进行标量计算，生成一个与原来两个向量等长的向量；如果两个向量不等长，则运算仅进行到等长的数据，生成一个长度取两者最短的新向量。另外，R 中有很多统计函数也可对向量进行运算（如表7-1 所示），如：

> y＝c（10,11,12）

> x+y

［1］12　14　17

> x＝c（1,2,5）

> max（x）

［1］5

> mean（x）

［1］2. 666667

表 7-1　R 中常用的统计计算函数

| 函数 | max | min | mean | median | var | sd | rank |
|------|-----|-----|------|--------|-----|-----|------|
| 功能 | 最大值 | 最小值 | 均值 | 中位数 | 方差 | 标准差 | 秩 |

## 7.2.4　向量的逻辑运算

向量也可取逻辑值 TRUE 和 FALSE，可用来比较是非结果，如：

```
> 5>6
[1] FALSE
> x = 49/7
> x = = 7
[1] TRUE
```

常用的逻辑运算符如表 7-2 所示。

表 7-2　R 中不同逻辑运算符

| 符号 | < | > | <= | >= | = = | ! = |
|------|---|---|----|----|-----|-----|
| 功能 | 小于 | 大于 | 不大于 | 不小于 | 相等 | 不等于 |

向量的逻辑运算还经常与连接符或、与、非一起使用。例如,求出向量 $x$ 中大于 1 小于 5 的元素:

```
> x = c(1,2,5)
> x[x>1&x<5]
[1] 2
```

# 7.3　高级数据结构

本节将介绍 4 种较向量更为复杂的数据对象:矩阵、数组、数据框架和列表。

其中,矩阵是二维向量,它的每一个元素需用两个指标表示,第一个指标表示元素所在的行,第二个指标表示元素所在的列。同理,可以推广到一般的 $n$ 维数组。值得注意的是,向量、矩阵、数组要求元素有一致的数据类型。数据框在形式上与二维矩阵类似,都要求有固定的行和列。与矩阵本质的不同是可以允许不同的列采用不同的数据类型。列表是数据框的扩展,可以允许不整齐的行和列。

## 7.3.1　矩阵的操作和运算

### 7.3.1.1　定义矩阵

定义矩阵的语法是:

matrix(data,nrow,ncol,[byrow = F])

【例 7-3】　把向量序列 $c(1,2,3,4,5,6)$ 转换为 3×2 矩阵:

```
> x = 1:6
> x. matrix = matrix(x,nrow = 3,ncol = 2,byrow = T)
> x. matrix
     [,1]  [,2]
[1,]   1    2
[2,]   3    4
[3,]   5    6
```

　　给矩阵赋予列名：

> dimnames( x. matrix) = list( NULL,c( "a" ,"b" ) )

> x. matrix

a　　b

[1,]　1　2

[2,]　3　4

[3,]　5　6

　　dimnames 函数的作用是给矩阵赋予行名和列名。行名和列名用",",隔开,NULL 表示取消相应的行或列名称。相应地可以给行赋名。

### 7.3.1.2　矩阵元素和行、列的选取

　　矩阵 $a$ 中第 $i$ 行第 $j$ 列位置的元素表示为 $a[i,j]$,比如:

> x. matrix[1,2]

[1] 2

　　矩阵中省略列标志,则表示取每一列,这种办法可以用来表示某行,同样的道理也适用于表示某列。比如取 $a$ 中第 $i$ 列元素表示为 $a[,j]$。

> x. matrix[ ,1]

[1] 1　3　5

### 7.3.1.3　矩阵的运算

　　矩阵的基本运算包括矩阵的数乘、加法、乘法、转置、求逆,请见下例。

> a = matrix( c( 1,2,3,4) ,2)

> b = matrix( c( 3,1,5,2) ,2)

> 2 * a

[ ,1]　[ ,2]

[1,]　2　　6

[2,]　4　　8

> a+b

[ ,1]　[ ,2]

[1,]　4　　8

[2,]　3　　6

> t( a)

[ ,1]　[ ,2]

[1,]　1　　2

[2,]　3　　4

> solve( a,b)

[ ,1]　[ ,2]

[1,]　-4.5　-7

[2,]　2.5　　4

　　其中,2 * a 表示用数 2 乘矩阵 $a$ 的每个元素,a+b 表示矩阵 $a$ 和矩阵 $b$ 对应位置上的

元素相加,t(a)表示对矩阵 **a** 进行行和列转置。solve 函数可以求出方程 **a**x = **b** 的解 x,**b** 是向量或矩阵,省略 **b** 即默认 **b** 为单位矩阵,即为求 **a** 的逆矩阵,此时 **a** 应为方阵。

apply 函数可以对指定矩阵的行、列应用 R 中所有用于向量计算的函数,它的语法是:

apply(data,dim,function,...)

其中,data 表示待处理的矩阵或数组的名称;dim 表示指定的维,1 表示行,2 表示列; "..."表示对所用函数参数的设定。如,计算矩阵 **a** 的列最大值:

> apply(a,2,max)
[1] 2　4

#### 7.3.1.4　矩阵的合并

增加若干列用 cbind 函数,增加若干行用 rbind 函数,如:

> a
　　[,1]　[,2]
[1,]　1　　3
[2,]　2　　4
> add = c(5,6)
> cbind(a,add)
　　　　　　add
[1,] 1　3　5
[2,] 2　4　6
> rbind(a,add)
　　[,1]　[,2]
1　　3
2　　4
add　　5　　6

### 7.3.2　数组

矩阵是二维向量,数组则是多维矩阵,数组的语法为:

array(data,dimnames)

> a<-array(1:24,c(3,4,2))
> a
,　,　1
　　[,1]　[,2]　[,3]　[,4]
[1,]　1　　4　　7　　10
[2,]　2　　5　　8　　11
[3,]　3　　6　　9　　12
,　,　2

```
     [,1]    [,2]    [,3]    [,4]
[1,]    13      16      19      22
[2,]    14      17      20      23
[3,]    15      18      21      24
```

A[ , ,1]表示取出第一维矩阵。

### 7.3.3 数据框

在 R 中最常用的数据结构是数据框。它是矩阵结构的扩展,可以储存不同的数据类型。与矩阵的不同之处在于,矩阵只能储存一种数据类型,而数据框则可允许不同的列取不同的数据类型,在功能上相当于数据库中的表结构。例如定义一个数据框:

```
> a = matrix( c( 1,2,3,4 ),2)
> t = c( "good","good" )
> new. a = data. frame( a,t)
> new. a
X1   X2   t
1    1    3   good
2    2    4   good
```

可以像定义矩阵的行名和列名那样为数据框架定义名称。定义了名称的数据框,可以只用列或行名称方便地处理列或行,但是需要事先用 attach( )命令将所需处理的数据绑定。attach 用法如下:

```
> attach( new. a)
> t
[1] "good"   "good"
> X1
[1] 1   2
```

解除绑定用 detach( )函数命令。

### 7.3.4 列表

列表是比数据框更为松散的数据结构,列表可以将不同类型、不同长度的数据打包,而数据框则要求被插入的数据长度和原来的长度一致。比如:

```
> a = matrix( c( 1,2,3,4 ),2)
> t = c( "good","good" )
> list( a,t)
[[1]]
     [,1]    [,2]
[1,]    1       3
[2,]    2       4
[[2]]
```

［1］"good"　"good"

列表一般用于结果的打包输出,应注意列表元素的标号和矩阵、数据框是不同的。

# 7.4　数据处理

## 7.4.1　保存数据

用命令 write. table(格式如下):

write. table( x,file = " " ,row. names = T,col. names = T,sep = " " )

可以保存数据框。其中,x 为所需保存的数据框名称;file 指示 x 将要保存的路径和格式;row. names 表示是否保存行名;col. names 表示是否保存列名,如果不写则默认为保存。

以下程序可以把 R 内置的数据 iris 取出来,再以 txt 格式保仔在电脑的 C 盘:

```
> data( iris)
> iris[ 1:3,]
Sepal. Length Sepal. Width Petal. Length Petal. Width Species
1              5. 1         3. 5          1. 4          0. 2         setosa
2              4. 9         3. 0          1. 4          0. 2         setosa
3              4. 7         3. 2          1. 3          0. 2         setosa
> write. table( iris, " C: \\x. TXT" )
```

## 7.4.2　读入数据

虽然可以使用 scan 在 R 界面上直接录入数据,但实际中,很少使用 R 录入大量数据。更常见的是,在 Excel 或其他输入窗口录入数据,并以 txt、csv、dat 等文件类型保存。在 R 中可以很方便地读入以其他格式保存的数据,read. table 就是常用的读入。dat 或 txt 文件的命令,语法为:

read. table( file,header = FALSE,sep = " " )

它可以读入数据框,其中 header 为是否读第一行的变量名,当 header = FALSE 时不读,否则读取。read. csv 可以读入以 csv 格式保存的数据,例如:

read. csv( file,header = TRUE,sep = " ," )

R 还可以读入其他统计软件的数据集,比如,读取 SPSS 保存为 sav 格式的数据的语法为:

library( foreign)

read. spss( file1,datal,header = TRUE,sep = " ," )

以上第一条语句表示要加载 foreign 统计软件包,read. spss 将数据 filel 读进 R 中,并保存在名为 datal 的对象中。同样的道理,运行语句:

read. dta( "c:\\ file2. dta" ,data2)

可以将 stata 格式的数据 file2 读进 R 中,并保存在 data2 的对象中。

下面用 read. table 函数读取上小节保存在 C 盘的数据。

```
> y = read. table( "C:\\x. TXT" )
> y[1:3,]
```

```
       Sepal. Length Sepal. Width Petal. Length Petal. Width Species
1           5. 1         3. 5         1. 4         0. 2     setosa
2           4. 9         3. 0         1. 4         0. 2     setosa
3           4. 7         3. 2         1. 3         0. 2     setosa
```

## 7.4.3　数据转换

前面对向量、矩阵、数组、数据框进行介绍的同时,已经简单地列出了各种相应的数据处理,如对向量元素的提取、修改、排序以及增加元素等。因为对向量、矩阵、数组、数据框及列表的处理最终可以归结为对向量的处理,所以前面我们详细地介绍了对向量的各种操作。

在处理数据的过程中,经常会遇到需要把一种数据类型转化为另一种数据类型的情况。表 7-3 所示为常用的转换函数。

表 7-3　常用的转换函数

| 转换函数 | 转换类型 |
| :---: | :---: |
| as. factor( x) | 转换为因子 |
| as. array( x) | 转换为数组 |
| as. character( a) | 转换为字符 |
| as. numeric( x) | 转换为数值 |
| as. data. frame( x) | 转换为数据框 |

下面在不改交因子大小的情况下,把因子转化为数值:

```
> a = factor( c( 1,3,5) ,levels = c( 1,3,5) )
> a
[1] 1  3  5
Levels:1  3  5
> as. numeric( a)
[1] 1  2  3
> al = as. character( a)
> a2 = as. numeric( a1)
> a2
[1] 1  3  5
```

先将其转化为字符型变量,再转化为数值型变量。

# 7.5　编写程序

## 7.5.1　循环和控制

当需要编写较复杂的程序时,循环和控制不可缺少。R 的控制和循环的命令及语法和 C 语言很类似,如下所述。

(1)控制结构:if(condition)语句 1 else 语句 2。condition 为逻辑运算,当 condition 成立时,其值为真,执行"语句 1",不成立则执行"语句 2",例如:

```
> x = 1
> if( x = = 1) { print( " x is true" ) } else { print( " x is false" ) }
[1] "x is true"
```

(2)循环结构:for(变量 in 序列)语句;while(condition)语句。

对于 for 语句,序列一般为一个数值向量,例如为 1:10。假设变量为 $i$,当 $i=1$ 时执行"语句",之后令 $i=2$ 再执行"语句",如此下去到 $i=10$ 时执行完"语句"停止。下面分别用 for 和 while 语句求 $1+2+\cdots+100$ 的值:

```
> total = 0
> for( i in 1:100) { total = total+i}
> total
[1] 5050
> Total = 0
> i = 1
> while( i< = 100) { Total = Total+i ; i = i+1}
> Total
[1]   5050
```

## 7.5.2　函数

同样,在实现复杂算法时,编写函数可以重复使用,修改也很容易。常用的函数控制命令及语法是:function(参数)语句。比如计算 $y=x^2$,可以使用如下函数控制命令:

```
> f1 = function( x) { xΛ2+sin( x) }
> f1( 10)
[1] 99.45598
> f1( 1:9)
[1] 1.841471   4.909297   9.141120   15.243198   24.041076
[6] 35.720585   49.656987   64.989358   81.412118
```

将 $x=10$ 代入,则返回结果 99.455 98。如果将向量 1:9 代入,则返回一组数。

下面再看几个例子:

```
> f2 = function( x,y) { xΛ2 ; x+y ; xΛ2+y}
```

```
> f2(2,2)
[1] 6
> f3 = function(x,y){return(xΛ2);x+y;xΛ2+y}
> f3(3,3)
[1] 9
```

从上面可以看出,函数的返回值是计算的最后结果,也可以运用 return 函数,直接返回函数值。

# 第 8 章　R 语言统计图

统计图是用点、线、面、体等来形象地表达数量资料的一种方式,常用的统计图有直条图(棒图)、圆图(饼图)、线图、直方图和散点图等。

制作统计图的一般原则包括:根据资料性质和分析目的正确选用适当的统计图;统计图必须有标题、概括统计图资料的时间、地点和主要内容;统计图一般有横轴和纵轴,并分别用横标目和纵标目说明横轴和纵轴代表的指标和单位;统计图用不同的线条和颜色表达不同事物和对象的统计量,需要附图加以说明。

统计图的种类很多,用根据资料的类型和目的选用合适的统计图。定性资料可选用的统计图有直条图、圆图、统计地图等;定量资料可选用的统计图有直方图(或多边图)、普通线图、半对数线图、散点图等。不同的统计图,以不同的方式或姿态来形象地表达资料。因此,掌握各种统计图的特征,有助于正确选用统计图。

制作统计图的一般原则如下:

(1)根据资料性质和分析目的正确选用适当的统计图。例如,分析比较独立的、不连续的、无数量关系的多个组或多个类别的统计量宜选用直条图,分析某指标随时间或其他连续变量变化而变化趋势宜选用线图,描述某变量的频数宜选用直方图,描述或比较不同事物内部构成宜选用圆图或百分条图等。

(2)统计图必须有标题、概括统计图资料的时间、地点和主要内容。统计图的标题在图的下方。

(3)统计图一般有横轴和纵轴,并分别用横标目和纵标目说明横轴和纵轴代表的指标和单位。一般将两轴的相交点即原点处定为 0。

(4)统计图用不同的线条和颜色表达不同事物和对象的统计量,需要附图加以说明。

## 8.1　条形图

条形图用来表示各相互独立的统计指标的数量大小。通常纵轴表达数量,横轴表达标志。用绝对数或相对数均可表达数量,其数量大小用图中各长条的高度来反映。条形图用相同宽度直条长短表示相互独立的某统计指标值的大小。条形图按照是横放还是竖放分卧式和立式两种,按对象的分组是单层次和两层次分单式和复式两种。

在 R 中,可采用 barplot( )函数绘制条形图。

barplot 函数的语法格式如下:

```
barplot( height, width = 1, space = NULL,
        names. arg = NULL, legend. text = NULL, beside = FALSE,
        horiz = FALSE, density = NULL, angle = 45,
        col = NULL, border = par("fg"),
```

```
main = NULL, sub = NULL, xlab = NULL, ylab = NULL,
xlim = NULL, ylim = NULL, xpd = TRUE, log = "",
axes = TRUE, axisnames = TRUE,
cex. axis = par("cex. axis"), cex. names = par("cex. axis"),
inside = TRUE, plot = TRUE, axis. lty = 0, offset = 0,
add = FALSE, rgs. legend = NULL, …)
```

各主要语句选项的说明如下。

- height：条形图需要展示的一个向量或矩阵。
- width：直条的宽度。
- space：直条之间间隔的距离。
- names. arg：每个直条以下绘制的名字向量。
- legend. text：关于图形图例说明的文本向量。
- beside：逻辑向量，FALSE 时为累积条形图，TRUE 时为分组条形图。
- horiz：逻辑向量，FALSE 时为垂直条形图，TRUE 时为水平条形图。
- col：指定条形图颜色的向量。
- main 和 sub：图形的总标题和子标题。
- xlab：$x$ 轴标签。
- ylab：$y$ 轴标签。
- xlim：$x$ 轴范围限制。
- ylim：$y$ 轴范围限制。

在接下来的示例中，我们将绘制一项探索类风湿性关节炎新疗法研究的结果。数据包含在随 vcd 包分发的 Arthritis 数据框中。

### 8.1.1　简单条形图

【例 8-1】　在关节炎研究中，变量 Improved 记录了对每位接受了安慰剂或药物治疗的病人的治疗效果，将结果绘制成条形图。

【R 程序】

```
> install. packages('vcd')
> library(vcd)
> counts<-table(Arthritis $ Improved)
> barplot(counts,main = "Simple Bar Plot",xlab = "Improvement",ylab = "Frequency")
> barplot(counts,main = "Horizontal Bar Plot",horiz = TRUE,xlab = "Frequency",ylab = "Improvement")
```

【R 输出结果】

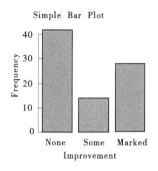

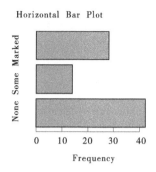

## 8.1.2　堆砌条形图和分组条形图

如果 height 是一个矩阵而不是一个向量,则绘图结果将是一幅堆砌条形图或分组条形图。若 beside＝FALSE(默认值),则矩阵中的每一列都将生成图中的一个条形,各列中的值将给出堆砌的"子条"的高度。若 beside＝TRUE,则矩阵中的每一列都表示一个分组,各列中的值将并列而不是堆砌。

【例 8-2】　将治疗类型和改善情况的结果绘制为一幅堆砌条形图和分组条形图。

【R 程序】

```
> library(vcd)
> counts<-table(Arthritis $ Improved, Arthritis $ Treatment)
> barplot(counts,main = "Stacked Bar Plot",xlab = "Treatment",
ylab = "Frequency",col =c("red","yellow","green"),legend=rownames(counts))
> barplot(counts,main = "Grouped Bar Plot",xlab = "Treatment",
ylab = "Frequency",col = c("red","yellow","green"),
legend=rownames(counts),beside = TRUE)
```

【R 输出结果】

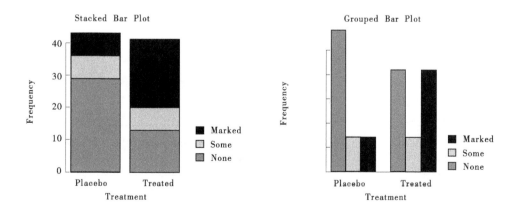

### 8.1.3　均值条形图

条形图并不一定要基于计数数据或频率数据。可以使用数据整合函数并将结果传递给 barplot() 函数,来创建表示均值、中位数、标准差等的条形图。

【例 8-3】　排序后均值的条形图。

【R 程序】

```
> states<-data. frame( state. region, state. x77)
> means<-aggregate( states $ Illiteracy, by = list( state. region), FUN = mean)
> means<-means[ order( means $ x),]
> barplot( means $ x, names. arg = means $ Group. 1, cex. names = 0. 7, cex. axis = 0. 8)
> title( "Mean Illiteracy Rate")
```

【R 输出结果】

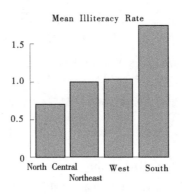

### 8.1.4　条形图的微调

有若干种方式可以微调条形图的外观。例如,随着条数的增多,条形的标签可能会开始重叠。可以使用参数 cex. names 来减小字号。将其指定为小于 1 的值可以缩小标签的大小。可选的参数 names. arg 允许指定一个字符向量作为条形的标签名。同样可以使用图形参数辅助调整文本间隔。

【例 8-4】　为条形图搭配标签。

【R 程序】

```
> par( mar=c( 5,8,4,2))
> par( las=2)
> counts<-table( Arthritis $ Improved)
> barplot( counts, main = "Treatment Outcome", horiz=TRUE, cex. names = 0. 8,
          names. arg = c( "No Improvement", "Some Improvement", "Marked Improve-
          ment"))
```

【R 输出结果】

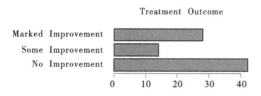

# 8.2  饼　图

饼图用来表示事物内部的构成情况,必须用相对数,且各项之和为 100%,图中各扇形的面积表示数量的大小,将 360°圆心角看成 100%,把每一部分所占的百分数折算成圆心角的度数,根据圆心角的度数就可以画出代表各部分数量大小的扇形。百分条图是以矩形总长度作为 100%,将其分割成不同长度的段来表示各构成的比例。饼图和百分条图适合描述分类变量的各类别所占的构成比。

在 R 中,可采用 pie( )函数绘制饼图。

pie( )函数的语法格式如下。

pie(x, labels = names(x), edges = 200, radius = 0.8,

　　clockwise = FALSE, init. angle = if(clockwise) 90 else 0,

　　density = NULL, angle = 45, col = NULL, border = NULL,

lty = NULL, main = NULL, ... )

各主要语句选项的说明如下:

(1)x:非负数值向量,表示每个扇形的面积。

(2)labels:表示各扇形标签的字符型向量。

(3)edges:绘制饼图时,饼图的外轮廓是由多边形近似表示的。理论上,edges 的数值越大,饼图看上去越圆。

(4)radius:饼图绘制集中在一个方盒子,其两侧范围从-1 到 1。如果标记切片的字符串是长期的,它可能需要使用一个较小的半径。

(5)clockwise:逻辑向量,表示顺时针或逆时针绘制,默认值为逆时针绘制。

(6)init. angle:指定起始角度,默认值为 0 点。

(7)density:阴影线的密度。默认值 NULL 意味着没有阴影线绘制。

【例 8-5】  饼图。

【R 程序】

```
> par( mfrow = c(2,2) )
> slices<-c(10,12,4,16,8)
> lbls<-c("US","UK","Australia","Germany","France")
> pie( slices, labels = lbls, main = "Simple Pie Chart")
> pct<-round( slices/sum( slices) * 100)
```

```
> lbls2<-paste(lbls,"",pct,"%",sep = "")
> pie(slices,labels = lbls2,col =rainbow(length(lbls2)),
main = "Pie Chart With Percentages")
> library(plotrix)
> pie3D(slices,labels = lbls,explode = 0.1,main="3D Pie Chart")
> mytable<-table(state.region)
> lbls3<-paste(names(mytable),"\n",mytable,sep = "")
> pie(slices,labels = lbls3,
    main = "Pie Chart from a Table\n(With sample sizes)")
```

【R 输出结果】

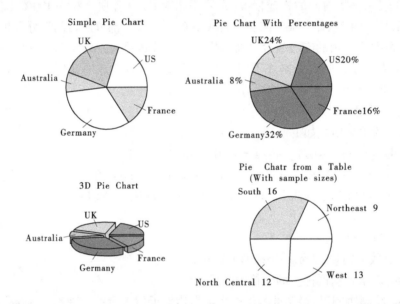

【结果解释】

　　首先,进行了图形设置,将四幅图形组合为一幅。第二幅饼图将样本数转换为比例值,并将这项信息添加到了各扇形的标签上,用 rainbow 函数定义各扇形的颜色。这里 rainbow(length(lbls2)) 将被解析为 rainbow(5),即为图形提供了五种颜色。第三幅图形使用 plotrix 包中的 pie3D() 函数创建三维饼图。第四幅图演示了如何从表格创建饼图,在本例中,计算了美国不同地区的州数,并在绘制图形之前将此信息附加到标签上。

# 8.3　散点图

　　散点图表示两种事物变量的相关性和趋势。医学上常用于观察两种生理指标之间的动态变化关系,或临床上两项检测结果之间的量变关系。资料中包含着两个计量指标,如果两变量之间有自变量与因变量之分,通常把自变量放到横轴上,把因变量放在纵轴上。将成对的数据 $(X,Y)$ 在直角坐标系中用圆点表示出来,就称为散点图。它可以形象地反映出在专业上有一定联系的两个连续变量之间的变化趋势,可借助它帮助判断是否值得进行直线相关和回归分析,或拟合何种类型的曲线方程。

在 R 中,可采用 plot( ) 函数绘制散点图。

plot( x, y, … )

(1)x:数值型向量。

(2)y:数值型向量。

(3)type:指定所绘制图形的类型:p,只有点;l,只有线;o,实心点和线(线覆盖在点上);b、c,线连接点(c 时不绘制点);s、S,阶梯线;h,直方图时的垂直线;n,不生成任何点和线。

(4)main 和 sub:图形的总标题和子标题。

(5)xlab:x 轴标签。

(6)ylab:y 轴标签。

(7)asp:y/x 长宽比。

【例 8-6】　利用 stock 数据集里的数据,绘制变量上证指数收盘价与投资者信心指数的散点图。

【R 程序】

```
> library( readxl)
> stock<-read_excel( 'stock. xlsx')
> stock $ stock_class<-ifelse( stock $ SH_closing_price<3000,1,2)
> stock[ c( 'SH_closing_price', 'stock_class') ]
> stock1<-subset( stock, stock_class = = 1)
>stock2<-subset( stock, stock_class = = 2)
> plot( stock1 $ SH_closing_price, stock1 $ investor_confidence_index, pch = 16,
col = 'blue', xlim = range( stock $ SH_closing_price),
ylim = range( stock $ investor_confidence_index), xlab = "SH_closing_price",
ylab = "investor_confidence_index")
> points( stock2 $ SH_closing_price, stock2 $ investor_confidence_index, pch = 17,
col = 'green')
```

【R 输出结果】

(1)

# A tibble: 121 x 2

| | SH_closing_price | stock_class |
|---|---|---|
| | <dbl> | <dbl> |
| 1 | 1991. | 1 |
| 2 | 2083. | 1 |
| 3 | 2373. | 1 |
| 4 | 2478. | 1 |
| 5 | 2633. | 1 |

| 6 | 2959. | 1 |
| 7 | 3412. | 2 |
| 8 | 2668. | 1 |
| 9 | 2779. | 1 |
| 10 | 2996. | 1 |

\# ... with 111 more rows

（2）

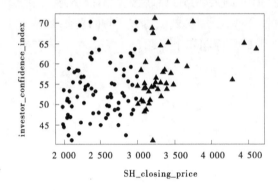

## 8.4　折线图

如果将散点图上的点从左到右连接起来，那么就会得到一个折线图。折线图，是用线段的升降来表示数值的变化，适合于描述某统计量随另一连续性数值变量变化而变化的趋势。它分普通折线图和半对数折线图两种。普通折线图，资料中包含着两个计量指标，放在横轴上的计量指标通常是时间，放在纵轴上的计量指标通常是某种率。画图时，纵、横轴上的尺度一律用算数尺度。它适合于表达一个或者多个事物或现象随时间的推移，数量的增减幅度。

在 R 中，可采用 plot( ) 函数绘制折线图。与散点图的主要区别是 type 选项不同。

【例 8-7】　利用 stock 数据集里的数据，绘制变量上证指数收盘价随时间变化趋势的折线图。

【R 程序】

> library( readxl)

> stock<-read_excel( 'stock. xlsx')

> stock

> par( mar=c( 5,5,2,2) )

> plot ( stock $ date, stock $ SH_closing_price, xlab = " 日期", ylab = " 上证指数收盘价", main = "上证指数收盘价变化趋势", cex. lab=0. 8, cex. axis=0. 6, cex=0. 5, lty=1)

> plot( stock $ date, stock $ SH_closing_price, xlab = " 日期", ylab = "上证指数收盘价", main = "上证指数收盘价变化趋势", cex. lab=0. 8, cex. axis=0. 6, type = " o", cex=0. 5, lty=1)

【R 输出结果】

（1）

# A tibble: 121 x 6

| date | SH_closing_price | SZ_closing_price | HSCI_closing_pr~ | investor_confid~ | SH_return |
|------|------------------|------------------|------------------|------------------|-----------|
| <dttm> | <dbl> | <dbl> | <dbl> | <dbl> | <dbl> |
| 1 2009-01-30 00:00:00 | 1991. | 2649. | 1838. | 53.7 | 0.000251 |
| 2 2009-02-27 00:00:00 | 2083. | 2852. | 1771. | 61.2 | 0.000381 |
| 3 2009-03-31 00:00:00 | 2373. | 3408. | 1902. | 61.5 | 0.000348 |
| 4 2009-04-30 00:00:00 | 2478. | 3597. | 2143. | 63.6 | 0.000326 |
| 5 2009-05-29 00:00:00 | 2633. | 3832. | 2528. | 60.3 | 0.000294 |
| 6 2009-06-30 00:00:00 | 2959. | 4177. | 2591. | 63.7 | 0.000369 |
| 7 2009-07-31 00:00:00 | 3412. | 4876. | 2887. | 65.3 | 0.000336 |
| 8 2009-08-31 00:00:00 | 2668. | 3963. | 2724. | 55.2 | 0.000336 |
| 9 2009-09-30 00:00:00 | 2779. | 4167. | 2873. | 61.9 | 0.000325 |
| 10 2009-10-30 00:00:00 | 2996. | 4654. | 2992. | 70.4 | 0.000325 |

# ... with 111 more rows

（2）

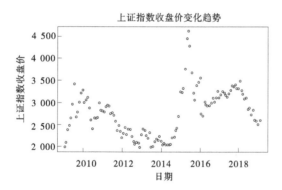

（3）

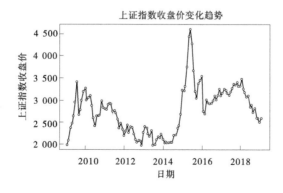

# 第 9 章　　非参数统计典型案例

## 9.1　　基本统计计算

在进行数据分析的时候,通常会用到统计分布和抽样,以下是一些基本的命令。

### 9.1.1　抽样

抽样最常用的是 sample 函数,它的语法是:

sample(x,size,replace = FALSE,prob = NULL)

其中,x 是一个向量,表示抽样的总体;size 表示抽取的样本数;replace 表示是否有放回抽样;prob 是总体每个元素被抽中的概率,如:

```
> sample(1:10,10)
[1] 8  7  6  1  9  3  4  2  5  10
> x = sample(1:10,10,replace = T)
> x
[1] 5  7  4  1  8  4  5  1  3  5
> unique(x)
[1] 5  7  4  1  8  3
> sample(c(0,1),10,replace = T,c(1/4,3/4))
[1] 1  0  1  1  1  1  1  1  0  1
```

以上程序中,我们首先从 1 到 10 的数列中无放回抽取 10 个数,实现了将 1:10 数列随机排列,接下来从 1 到 10 日数列中有放回抽取 10 个数,可以看到第二种抽取中出现了较多的重复数据。用 unique 函数可以去掉样本中重复的数字,这样我们可以更方便地观察到哪些数据被抽取出来,还有哪些没有被抽出来。第四个命令是在 0 和 1 内两个数中不等概率地有放回抽取 10 次,以 1/4 的可能性抽到 0,3/4 的可能性抽到 1,可以看到实际结果中抽到的 1 比 0 多,这一结果反映了不等概率抽样的特点。

### 9.1.2　统计分布

dnorm(x,mean = 1,sd = 2)表示均值为 1、标准差为 2 的正态分布 x 处的概率密度值,x 是某个点或一组点;此分布的均值、标准差分别用参数 mean、sd 定义,实际中不用写参数名,只需写参数值即可。下面分别求标准正态分布在 0 点的概率密度值和在 −2、−1、0、1、2 五点处的概率密度值:

```
> dnorm(0,0,1)
```

［1］0.3989423

> x = seq( -2,2,1)

> dnorm( x,0,1)

［1］0.05399097　0.24197072　0.39894228　0.24197072　0.05399097

值得注意的是,对离散分布而言,单点概率密度值表示所求点的对应概率;而对连续分布而言,单点概率密度值不表示概率含义,但可以反映局部发据分布的疏密程度。此外,R 中与分布函数有关的常用函数还有 pnorm、qnorm、rnorm,分别代表正态分布的累积分布函数、分位数函数(分布函数的逆函数),求某给定分布的伪随机数函数。例如:

> pnorm( 0,0,1)

［1］0.5

> qnorm( 0.5,0,1)

［1］0

> rnorm( 10,0,1)

［1］0.08943764 -0.30887425　2.12413838 -0.86948634　1.28102335 -0.75855216

［7］0.28450243 -0.75053353　0.64231260 -0.46489758

其中,pnorm(0,0,1)表示标准正态分布在 0 点的概率分布函数值;qnorm( 0.5,0,1)表示标准正态分布概率 0.5 所对应的分位数;rnorm( 10,0,1)表示从标准正态分布中随机抽取 10 个伪随机数。

R 其他分布的命名规则和正态分布相似,分别在分布名称前加上 d、p、q、r 表示概率密度函数、累积分布函数、分位数函数、伪随机数函数。表 9-1 所示为 R 中的常用分布的名称及参数设置。

表 9-1　R 中的常用分布的名称及参数设置

| 分布 | R 中分布名称 | 参数设置 | 分布 | R 中分布名称 | 参数设置 |
|---|---|---|---|---|---|
| Beta | beta | 形状,尺度 | Logistic | logis | 形状,尺度 |
| Binomial | binom | 试验次数,<br>成功率 | Negative-bi<br>-nomial | nbinom | 试验次数,<br>成功率 |
| Cauchy | cauchy | 位置,尺度 | Nomial | norm | 均值,标准差 |
| Chisquared | chisq | 自由度 | Log-normal | lnorm | Meanlog, sdlog |
| Exponential | exp | λ | Poisson | pois | λ |
| F | f | 自由度 1 和 2 | Wilcoxon | signrank | q,n |
| Gamma | gamma | 形状 | Student's t | t | df |
| Geometric | geom | 成功率 | Uniform | unif | 区间端点 |
| Hypergeometric | hyper | M,n,k | Weibull | weibull | 形状 |

# 9.2   非参数检验

参数检验是在已知总体分布的条件(一般要求总体服从正态分布)下,对一些主要的参数(如均值、百分数、方差、相关系数等)进行的检验,有时还要求某些总体参数满足一定的条件。如独立样本的 $t$ 检验和方差分析不仅要求总体符合正态分布,还要求各总体方差齐性。

本章介绍编秩的基本步骤,平均秩的计算及相等秩的校正;详细讲解非参数检验的几种基本类型和检验的基本方法,包括配对及单样本秩和检验、两组样本比较的秩和检验、多组样本比较的秩和检验、等级分组资料的非参数检验和随机区组设计资料比较的秩和检验等。

比较两个总体间的差异,我们比较熟悉的是可依据总体方差是否已知,选择使用正态 $Z$ 检验法或 $t$ 检验法。但如果有明显的证据表明,这些参数型检验法不能使用又该如何呢?非参数检验法对此提供了解决方案。

作为参数检验的一种推广,非参数检验有何特点?它的使用有什么样的要求?本章首先对非参数检验进行概述,接着按照和参数检验对应的原则分别介绍用于两组比较的非参数检验法、用于多组比较的非参数检验法以及等级相关检验(秩相关)。

一般而言,非参数检验适用于以下 3 种情况:

(1)顺序类型的数据资料,这类数据的分布形态一般是未知的。

(2)虽然是连续数据,但总体分布形态未知或者非正态,这和卡方检验一样,称为自由分布检验。

(3)总体分布虽然正态,数据也是连续类型,但样本容量极小,如10以下(虽然 $t$ 检验被称为小样本统计方法,但样本容量太小时,代表性毕竟很差,最好不要用要求较严格的参数检验法)。因为有这些特点,加上非参数检验法的一般原理和计算比较简单,因此常用于一些为正式研究进行探路的预备性研究的数据统计中。当然,由于非参数检验许多牵涉不到参数计算,对数据中的信息利用不够,因而其统计检验力相对参数检验则差得多。

# 9.3   单样本资料与已知总体参数的非参数检验

若单组随机样本来自正态总体,比较其总体均数与常数是否不同,可进行 $t$ 检验。若样本来自非正态总体,或总体分布无法确定,也可使用 Wilcoxon 符号秩和检验,检验总体中位数是否等于某已知数值。

## 9.3.1   单组资料的符号及符号秩和检验

单样本资料与已知总体符号秩和检验的检验步骤如下:

（1）求差值。求样本资料中单个个体数据与总体中位数的差值。

（2）检验假设。$H_0$：差值的总体中位数等于零，即 $M_d = 0$。$H_1$：差值的总体中位数不等于零，即 $M_d \neq 0$。$\alpha = 0.05$。

（3）按差值的绝对值从小到大编秩，并按差值的正负给秩次加上正负号。编秩时，若差值为 0，舍去不计；若差值的绝对值相等，这时取平均秩次。

（4）求秩和，并确定统计量 $T$ 将所排的秩次冠以原差数的符号，求出正、负差值秩次之和，分别以 $T+$ 和 $T-$ 表示。

在 $H_0$ 成立时，如果观察例数比较多，正差值的秩和与负差值的秩和理论上应相等，即使有些差别，也只能是一些随机因素造成的。换句话说，如果 $H_0$ 成立，一份随机样本中"不太可能"出现正差值的秩和与负差值的秩和相差很大的情形；如果样本的正差值的秩和与负差值的秩和差别太大，我们有理由拒绝 $H_0$，接受 $H_1$，即认为两种处理效应不同；反之，没有理由拒绝 $H_0$，还不能认为两种处理效应不同。

（5）统计量。进行双侧检验时，以绝对值较小者为统计量 $T$ 值，即 $T = \min(T+, T-)$；进行单侧检验时，任取正差值的秩和或负差值的秩和为统计量 $T$。记正、负差值的总个数为 $n$（$n$ 为差值不等于 0 的对子数），则 $T+$ 与 $T-$ 之和为 $n(n+1)/2$。

（6）确定 $P$ 值和做出推断结论。

①查表法（$5 \leqslant n \leqslant 50$ 时）：查 $T$ 界值表。若检验统计量 $T$ 值在上、下界值范围内，其 $P$ 值大于相应的概率水平；若 $T$ 值在上、下界值上或范围外，则 $P$ 值小于相应的概率水平。

注意：当 $n < 5$ 时，应用秩和检验不能得出双侧有统计学意义的概率，故 $n$ 必须大于或等于 5。

②正态近似法（$n > 50$ 时）：这时可以利用秩和分布的正态近似法做出判断。已知 $H_0$ 成立时，近似地有：

$$T \sim N(\mu_T, \sigma_T^2) \tag{9-1}$$

其中

$$\mu_T = n(n+1)/4 \tag{9-2}$$

$$\sigma_T = \sqrt{n(n+1)(2n+1)/24} \tag{9-3}$$

统计量的计算公式如下：

$$Z = \frac{T - \mu_T}{\sigma_T} \tag{9-4}$$

如果根据样本算得的 $Z$ 值太大或太小，就有理由拒绝 $H_0$。

当 $n$ 不很大时，对统计量 $Z$ 需要做如下的连续性校正：

$$Z = \frac{|T - \mu_T| - 0.5}{\sigma_T} = \frac{|T - n(n+1)/4| - 0.5}{\sqrt{n(n+1)(2n+1)/24}} \tag{9-5}$$

若多次出现差值的绝对值相等的现象（如超过 25%），式（9-5）求得的 $Z$ 值偏小，应计算校正的统计量值 $Z_C$：

$$Z_C = \frac{|T - n(n+1)/4| - 0.5}{\sqrt{\dfrac{n(n+1)(2n+1)}{24} - \dfrac{\sum (t_j^3 - t_j)}{48}}}$$

(9-6)

式中:$t_j$ 为第 $j$($j=1,2,\cdots$)次出现差值的绝对值相等时所含相同秩次的个数。

【例 9-1】 已知某地正常人尿氟含量中位数为 2.15 mmol/L。今在该地某厂随机抽 12 名 3 工人测尿氟含量(mmol/L),结果见表 9-2。问该厂工人的尿氟含量是否高于当地正常人?

表 9-2　12 名工人尿氟含量(mmol/L)测定结果

| 尿氟含量(1) | 差值 $d$(2) | 秩次(3) |
|:---:|:---:|:---:|
| 2.15 | 0 | |
| 2.10 | −0.05 | −2.5 |
| 2.20 | 0.05 | 2.5 |
| 2.12 | −0.03 | −1 |
| 2.42 | 0.27 | 4 |
| 2.52 | 0.37 | 5 |
| 2.62 | 0.47 | 6 |
| 2.72 | 0.57 | 7 |
| 2.99 | 0.84 | 8 |
| 3.19 | 1.04 | 9 |
| 3.37 | 1.22 | 10 |
| 4.57 | 2.42 | 11 |

检验步骤如下:

(1)检验假设。

$H_0$:差值总体中位数 $M_d = 0$。

$H_1$:$M_d \neq 0$。

(2)求差值。

(3)编秩。

求秩和并确定检验统计量:分别求正负秩次之和,正秩次的和以 $T+$ 表示,负秩次的和以 $T-$ 表示。本例 $T+$ 为 62.5,$T-$ 为 3.5,以绝对较小秩和作检验统计量,本例取 $T = 3.5$。当 $n$ 小于等于 50 时,查 $T$ 界值表。

(4)确定 $P$ 值并做出推断结论,查 $T$ 界值表。

得 $P < 0.005$,按 $\alpha = 0.05$ 水准,拒绝 $H_0$,接受 $H_1$,可以认为该厂工人尿氟含量高于当地正常人。

## 9.3.2　单组资料的非参数检验 R 程序

可以采用 wilcox. test( )函数进行单组资料的非参数检验,其语句格式如下:

wilcox. test(x, y = NULL,

alternative = c ("two. Sided", "less", "greater"),

mu = 0, paired = FALSE, exact = NULL, correct = TRUE,

conf. int = FALSE, conf. level = 0.95, . . . )

x 为数值向量,可缺失或不定义。

y 也为数值向量,类似于 x 可缺失或不定义。

alternative,指定单侧或双侧检验,默认为 alternative = "two. sided" 双侧检验, alternative = "less" 或 alternative = "greater" 则为单侧检验。

mu = mu0,用来指定样本所需要进行比较的常数。

paired,指定是否为配对非参检验,paired = TRUE 表示配对检验,paired = FALSE 表示非对检验。

exact,指定是否计算精确 $P$ 值。

correct,指定是否对正态近似 $P$ 值进行校正。

conf. int,指定是否计算可信区间。

conf. level,指定置信度水平。

formula,形式为 y~x,y 为数值型变量,x 是一个二分类变量。

data 为包含了这些变量的矩阵或数据框。

… …

函数 wilcox. testO 有两种常用的调用形式,第一种为:

wilcox. test(y~x, data)

其中,y 为数值型变量,x 是一个二分类变量。第二种为:

wilcox. test(yl, y2)

其中,y1 和 y2 均为结果变量。

【例 9-2】　利用 R 程序,对例 9-1 的数据进行非参数检验,问该厂工人的尿氟含量是否高于当地正常人?

【R 程序】

>example9_2 <- read. table ("example9_2. csv", header = TRUE, sep = ", ")

>attach( example9_2)

>wilcox. test( wt, mu = 2. 15, conf. level = 0. 95)

>detach( example9_2)

【R 输出结果】

Wilcoxon signed rank test with continuity correction

data: wt

V = 63, p-value = 0.008719

alternative hypothesis: true location is not equal to 2.15

**【结果解释】**

从检验结果可以看出，$P=0.008719<0.05$，拒绝 $H_0$，接受 $H_1$。从以上的数据分析结果可以得出专业结论：该厂工人尿氟含量高于当地正常人。

# 9.4　配对设计资料的非参数检验

配对设计有两种情况：一种是对同对的两个受试对象分别给予两种处理，目的是推断两种处理的效果有无差别。如取同窝别、体重相近的两只动物配对。进行临床试验疗效比较时，常将病种、病型、病情及其他影响疗效的主要因素一致的病人配成对子，以构成配对的研究样本。另一种是进行同一受试对象处理前后的比较，目的是推断该处理有无作用。例如观察某指标的变化，用同一组病人治疗前后做比较，用同一批动物处理前后做比较，或用同一批受试对象的不同部位、不同器官做比较等，这些都属于配比试验。

## 9.4.1　配对设计资料的符号及符号秩和检验

配对设计资料一般采用配对 $t$ 检验方法进行分析。但若配对数据差数的分布为非正态分布，但其总体分布基本对称，则可采用符号秩检验作为配对 $t$ 检验的替代方法。符号秩检验功效很高，在数据满足配对 $t$ 检验的要求时，符号秩检验的功效可达配对 $t$ 检验功效的 95%。

配对设计资料的检验步骤如下：

（1）求差值，求各对数据 $(x_i, y_i)$ 的差值 $d=x_i-y_i$。

（2）检验假设如下。

$H_0$：差值的总体中位数等于 0，即 $M_d=0$。

$H_1$：差值的总体中位数不等于 0，即 $M_d \neq 0$。

$\alpha=0.05$。

（3）按差值的绝对值从小到大编秩，并按差值的正负给秩次加上正负号。编秩时，若差值为 0，舍去不计；若差值的绝对值相等，则取平均秩次。

（4）求秩和，并确定统计量 $T$，将所排的秩次冠以原差数的符号，求出正、负差值秩次之和，分别以 $T+$ 和 $T-$ 表示。

在 $H_0$ 成立时，如果观察例数比较多，正差值的秩和与负差值的秩和理论上应相等，即使有些差别，也只能是一些随机因素造成的。换句话说，如果 $H_0$ 成立，一份随机样本中"不太可能"出现正差值的秩和与负差值的秩和相差很大的情形；如果样本的正差值的秩和与负差值的秩和差别太大，我们有理由拒绝为 $H_0$，接受 $H_1$，即认为两种处理效应不同；反之，没有理由拒绝 $H_0$，还不能认为两种处理效应不同。

（5）求统计量，进行双侧检验时，以绝对值较小者为统计量 $T$ 值，即 $T=\min(T+,T-)$；进行单侧检验时，任取正差值的秩和或负差值的秩和为统计量 $T$。记正、负差值的总个数为 $n$（$n$ 为差值不等于 0 的对子数），则 $T+$ 与 $T-$ 之和为 $n(n+1)/2$。

（6）确定 $P$ 值和做出推断结论。

【**例9-3**】　采用配对设计,用某种放射线的 A、B 两种方式分别局部照射家兔的两个部位,观察放射性急性皮肤损伤程度,结果见表9-3。试用符号秩检验比较 A、B 的损伤程度是否不同。

表 9-3　家兔皮肤损伤程度

| 编号 | 方式 A | 方式 B | 差值 $d$ | 秩次 |
|---|---|---|---|---|
| 1 | 39 | 55 | −16 | −10 |
| 2 | 42 | 54 | −12 | −9 |
| 3 | 51 | 55 | −4 | −3 |
| 4 | 43 | 47 | −4 | −3 |
| 5 | 55 | 53 | 2 | 1 |
| 6 | 45 | 63 | −18 | −11 |
| 7 | 22 | 52 | −30 | −12 |
| 8 | 48 | 44 | 4 | 3 |
| 9 | 40 | 48 | −8 | −6 |
| 10 | 45 | 55 | −10 | −8 |
| 11 | 40 | 32 | 8 | 6 |
| 12 | 49 | 57 | −8 | −6 |

检验假设如下。

$H_0$:差值的总体中位数等于 0,即 $M_d = 0$。

$H_1$:差值的总体中位数不等于 0,即 $M_d \neq 0$。

$\alpha = 0.05$。

按差值的绝对值从小到大编秩,并按差值的正负给秩次加上正负号,求出正、负差值秩次之和,分别以 $T+$ 和 $T-$ 表示。本例 $T+$ 为 11,$T-$ 为 55,以绝对较小秩和作检验统计量,本例取 $T = 11$。

确定 $P$ 值并做出推断结论,查 $T$ 界值表,得 $P < 0.05$,按 $\alpha = 0.05$ 水准,拒绝 $H_0$,接受 $H_1$,可以认为方式 A 的射线照射对家兔皮肤的损伤程度轻于方式 B。

## 9.4.2　配对设计资料的非参数检验 R 程序

可以采用 wilcox.test( ) 函数进行配对设计资料的非参数检验。

【**例9-4**】　利用 R 程序,对例 9-3 的数据进行非参数检验,用符号秩检验比较 A、B 的损伤程度是否不同。

【R 程序】

```
>example9_4 <- read. table ("example9_4. csv", header=TRUE, sep=",")
>attach(example9_4)
>mean(xl-x2)
>wilcox. test(xl, x2, conf. level=0.95)
>detach(example9_4)
```

【R 输出结果】

[1] -8

Wilcoxon rank sum test with continuity correction

data: xl and x2

W = 29, p-value = 0.01387

alternative hypothesis: true location shift is not equal to 0

【结果解释】

从检验结果可以看出, $P<0.05$, 拒绝 $H_0$, 接受 $H_1$, 可以认为方式 A 的射线照射对家兔皮肤的损伤程度轻于方式 B。

# 9.5　两组定量资料的非参数检验

Wilcoxon 秩和检验, 用于推断计量资料或等级资料的两个样本所来自的两个总体分布是否有差别。在理论上假设 $H_0$ 应为两个总体分布相同, 即两个样本来自同一总体。由于秩和检验对于两个总体分布的形状差别不敏感, 对于位置相同、形状不同但类似的两个总体分布, 推断不出两个总体分布有差别, 故对立的备择假设 $H_1$ 不能认为两个总体分布不同, 而只能认为两个总体分布的位置不同。

## 9.5.1　两组定量资料的非参数检验方法概述

不管两个总体分布的形状有无差别, 秩和检验的目的是推断两个总体分布的位置是否有差别, 这正是实践中所需要的。如要推断两个不同人群的某项指标值的大小是否有差别, 或哪个人群的大, 则可用其指标值分布的位置差别反映, 而不关心其指标值分布的形状有无差别。

【例 9-5】　对 10 例某工厂工人和 12 例社区居民检测尿氟含量(mmol/L), 结果见表 9-4。试分析工厂工人尿氟的含量是否高于普通居民尿氟的含量(mmol/L)。

本例两样本资料经方差齐性检验, 推断得出两总体方差不等($P<0.01$), 现用 Wilcoxon 秩检验。

$H_0$: 工厂工人和社区居民尿氟含量值总体分布位置相同。

$H_1$: 工厂工人尿氟含量值高于社区居民尿氟含量值。

$\alpha=0.05$。

表 9-4 工厂工人和社区居民尿氟含量(mmol/L)比较

| 工厂工人 | | 社区居民 | |
|---|---|---|---|
| 尿氟含量 | 秩次 | 尿氟含量 | 秩次 |
| 2.78 | 1.0 | 3.23 | 2.5 |
| 3.23 | 2.5 | 3.50 | 4.0 |
| 4.20 | 7.0 | 4.04 | 5.0 |
| 4.87 | 14.0 | 4.15 | 6.0 |
| 5.12 | 17.0 | 4.28 | 8.0 |
| 6.21 | 18.0 | 4.34 | 9.0 |
| 7.18 | 19.0 | 4.47 | 10.0 |
| 8.05 | 20.0 | 4.64 | 11.0 |
| 8.56 | 21.0 | 4.75 | 12.0 |
| 9.60 | 22.0 | 4.82 | 13.0 |
| — | — | 4.95 | 15.0 |
| — | — | 5.10 | 16.0 |
| $n_1 = 10$ | $T_1 = 141.5$ | $n_2 = 12$ | $T_2 = 111.5$ |

求检验统计量 $T$ 值:①把两样本数据混合从小到大编秩,遇数据相等者取平均秩。②以样本例数小者为 $n$,其秩和($T_1$)为 $T$,若样本例数相等,可取任一样本的秩和($T_1$ 或 $T_2$)为 $T$,本例 $T = 141.5$。

确定 $P$ 值,做出推断结论:当 $n_1 \leqslant 10$ 和 $n_2 - n_1 \leqslant 10$ 时,查 $T$ 界值表,先找到 $n_1$ 与 $n_2 - n_1$ 相交处所对应的 4 行界值,再逐行将检验统计量 $T$ 与界值相比,若 $T$ 值在界值范围内,其 $P$ 值大于相应概率水平;若 $T$ 值刚好等于界值,其 $P$ 值等于相应概率水平;若 $T$ 值在界值范围外,其 $P$ 值小于相应概率水平。本例 $n_1 = 10$,$n_2 - n_1 = 2$,$T = 141.5$,查界值表,得单侧 $0.025 < P < 0.05$,按 $\alpha = 0.05$ 水平,拒绝 $H_0$,接受可 $H_1$,可以认为工厂工人尿氟含量值高于社区居民尿氟含量值。

若 $n_1 > 10$ 或者 $n_2 - n_1 > 10$,超出界值表的范围,可以用正态近似法做 $\mu$ 检验,令 $n_1 + n_2 = N$,按式(9-7)计算 $\mu$ 值。

$$\mu = \frac{T - n_1(N+1)/2}{\sqrt{\dfrac{n_1 n_2 (N+1)}{12}\left(1 - \dfrac{\sum(t_j^3 - t_j)}{N^3 - N}\right)}} \tag{9-7}$$

### 9.5.2　两组定量资料非参数检验的 R 程序

【例 9-6】　编写 R 程序,对例 9-5 的数据进行非参数检验,分析工厂工人尿氟的含量是否高于普通居民尿氟的含量(mmol/L)。

【R 程序】

>example9_6 <- read. table ("example9_6. csv", header=TRUE, sep=",")

>attach(example9_6)

>wilcox. test(veci ~ group, conf. level=0. 95)

>detach(example9_6)

【R 输出结果】

Wilcoxon rank sum test with continuity correction

data: veci by group

W = 86. 5, p-value = 0. 08637

alternative hypothesis: true location shift is not equal to 0

【结果解释】

输出近似 $Z$ 检验所得到的统计量和所对应的单、双侧概率值 $P=0.0864$,尚不能认为工厂工人尿氟含量值高于社区居民尿氟含量值。这与上例的检验结果不一致,这是由它们确定 $P$ 值的方法不同引起的。例 9-5 是通过查界值表获得 $P$ 值,而 R 系统只能给出近似 $Z$ 检验的分析结果。需要注意的是:样本量较小时,需要通过查界值表确定 $P$ 值。

# 9.6　多组定量资料的非参数检验

这一部分的内容相当于参数检验中的方差分析,依据的方法是 Kruskal-Wallis 秩和检验,此方法的基本思想与 Wilcoxon 秩和检验基本相同,都是基于各组混合编秩后,各组秩和应相等的假设。两者的不同点在于,Kruskal-Wallis 秩和检验是针对多组数据的分析,而 Wilcoxon 秩和检验则只用于对两组数据的比较。

### 9.6.1　多组定量资料的非参数检验方法概述

Kruskal-Wallis $H$ 检验,用于推断计量资料或等级资料的多个独立性样本所来自的多个总体分布是否有差别。在理论上检验假设 $H_0$ 应为多个总体分布相同,即多个样本来自同一总体。由于 $H$ 检验对多个总体分布的形状差别不敏感,故在实际应用中检验假设 $H_0$ 可写作多个总体分布位置相同,对立的备择假设 $H_1$ 为多个总体分布位置不全相同。

原始数据的多个样本比较和方法步骤见例 9-7。

【例 9-7】　为研究精氨酸对小鼠截肢后淋巴细胞转化功能的影响,将 21 只小鼠均等分成 3 组:A 组为对照,B 组为截肢组,C 组为截肢加精氨酸治疗组。观测脾淋巴细胞对 HPA 刺激的增值反应,测量指标是 3H 吸收量(cpm),数据如表 9-5 所示,试分析各组测量值是否不同。

表 9-5　脾淋巴细胞对 HPA 刺激的增值反应

| A 组 | | B 组 | | C 组 | |
| --- | --- | --- | --- | --- | --- |
| $^3$H 吸收量（cpm） | 秩 | $^3$H 吸收量（cpm） | 秩 | $^3$H 吸收量（cpm） | 秩 |
| 3012 | 11 | 2532 | 8 | 8138 | 15 |
| 9458 | 18 | 4682 | 12 | 2073 | 6 |
| 8419 | 16 | 2025 | 5 | 1867 | 4 |
| 9580 | 19 | 2268 | 7 | 885 | 2 |
| 13590 | 21 | 2775 | 9 | 6490 | 13 |
| 12787 | 20 | 2884 | 10 | 9003 | 17 |
| 6600 | 14 | 1717 | 3 | 0 | 1 |
| $R_i$ | 119 | — | 54 | — | 58 |
| $n_i$ | 7 | — | 7 | — | 7 |

本例资料不服从正态分布,现用 Kruskal-Wallis $H$ 检验。

$H_0$:3 组小鼠脾淋巴细胞对 HPA 刺激的增值反应总体分布位置相同。

$H_1$:3 组小鼠脾淋巴细胞对 HPA 刺激的增值反应总体分布位置不全相同。

□ = 0.05。

求检验统计量 $H$ 值:把 3 个样本数据混合从小到大编秩,遇到数据相等者取平均秩。设样本例数为 $n_i$( $\sum n_i = N$ ),秩和为 $R_i$,按下式求 $H$ 值。

$$H = \frac{12}{N(N+1)} \left( \sum \frac{R_i^2}{n_i} \right) - 3(N+1) \tag{9-8}$$

当各样本数据存在相同时,上式计算的 $H$ 值偏小,为此可按式(9-9)求校正 $H_C$ 值。

$$H_C = H/C, C = 1 - \sum (t_j^3 - t_j)/(N^3 - N) \tag{9-9}$$

本例计算结果如下:

$$H = \frac{12}{21 \times (21+1)} \times \left( \frac{119^2 + 54^2 + 58^2}{7} \right) - 3 \times (21+1) = 9.847\ 9 \tag{9-10}$$

确定 $P$ 值,做出推断结论:当样本个数 $g = 3$ 和每个样本例数 $n_i \leq 5$ 时,查 $H$ 界值表;若 $g = 3$ 且最小样本的例数大于 5,或 $g > 3$ 时,则 $H$ 或 $H_C$ 近似服从 $v = g - 1$ 的□$^2$ 分布,查□$^2$ 界值表。本例 $N = 21$,最小样本例数为 7,查□$^2$ 界值表 $P \leq 0.01$,按 $\alpha = 0.05$ 水准,拒绝 $H_0$,接受 $H_1$,可以认为 3 组小鼠脾淋巴细胞对 HPA 刺激的增值反应总体分布位置不全相同。

## 9.6.2　多组定量资料非参数检验的 R 程序

可通过 kruskal. test( )函数来完成多组定量资料的非参数检验。其调用格式为:

kruskal. test( y ~ A, data)

其中,y 是一个数值型结果变量,A 是一个拥有两个或更多水平的分组变量。

kruskal. test( )函数可以确定总体差异是否有统计学意义,但是不知道哪些地区之间存在差异。可以使用 wilcox. test( )函数每次进行两组数据比较。一种更为有效的方法是在控制犯第一类错误的概率前提下,执行可以同步进行的多组比较,这样可以直接完成所有组之间的成对比较。nparcomp 包提供了所需要的非参数多组比较程序。此包中的nparcomp( )函数接受的输入为一个两列的数据框,其中一列为因变量,另一列为分组变量。

【例 9-8】 用 3 种药物灭杀钉螺,每批用 200 只活钉螺,用药后清点每批钉螺的死亡数,再计算死亡率(%),结果见表 9-6。问 3 种药物杀灭钉螺的效果有无差别。

表 9-6　3 种药物灭杀钉螺的死亡率

| 甲药 | | 乙药 | | 丙药 | |
|---|---|---|---|---|---|
| 死亡率(%) | 秩 | 死亡率(%) | 秩 | 死亡率(%) | 秩 |
| 32.5 | 10 | 16.0 | 4 | 6.5 | 1 |
| 35.5 | 11 | 20.5 | 6 | 9.0 | 2 |
| 40.5 | 13 | 22.5 | 7 | 12.5 | 3 |
| 46.0 | 14 | 29.0 | 9 | 18.0 | 5 |
| 49.0 | 15 | 36.0 | 12 | 24.0 | 8 |
| $R_i$ | 63 | — | 38 | — | 19 |
| $n_i$ | 5 | — | 5 | — | 5 |

本例为百分率资料,不符合正态分布,故采用 Kruskal-Wallis $H$ 检验进行分析。

【R 程序】

```
>example9_8<- read. table ("example9_8. csv",header=TRUE, sep=",")
>attach(example9-8)
>kruskal. test(rate ~ group)
>library(nparcomp)
>nparcomp(rate ~group, data=example9_8, alternative = "two. sided")
>detach(example9_8)
```

【R 输出结果】

(1)

Kruskal-Wallis rank sum test

data:rate by group

Kruskal-Wallis chi-squared = 9.74, df = 2, p-value = 0.007673

(2)

#-----Nonparametric Multiple Comparisons for relative contrast effects----#

– Alternative Hypothesis: True relative contrast effect p is less or equal than 1/2

–Type of Contrast : Tukey

-Confidence level：95 %

-Method = Logit - Transformation

-Estimation Method：Pairwise rankings

#--------------------------Interpretation--------------------------#

p(a,b) > 1/2：b tends to be larger than a

#----------------------------------------------------------------#


$ Data. Info

| Sample | Size |
|--------|------|
| 1 | 1 | 5 |
| 2 | 2 | 5 |
| 3 | 3 | 5 |


$ Contrast

|   | 1 | 2 | 3 |   |
|---|---|---|---|---|
| 2 | -1 | -1 | 1 | 0 |
| 3 | -1 | -1 | 0 | 1 |
| 3 | -2 | 0 | -1 | 1 |


$ Analysis

| Comparison | Estimator | Lower | Upper | Statistic | p. Value |
|------------|-----------|-------|-------|-----------|----------|
| 1P(1,2 ) | 0.080 | 0.004 | 0.645 | -1.916213 | 1.552867e-01 |
| 2p(1,3 ) | 0.001 | 0.000 | 0.007 | -8.450553 | 1.110223e-16 |
| 3p(2,3 ) | 0.160 | 0.016 | 0.690 | -1.608396 | 2.863151e-01 |


$ Overall

| Quantile | p. Value |
|----------|----------|
| 1 2.384844 | 1.110223e-16 |


$ input

$ input $ formula

rate ~ group


$ input $ data

|   | group | rate |
|---|-------|------|
| 1 | 1 | 32.5 |
| 2 | 2 | 16.0 |
| 3 | 3 | 6.5 |

| 4 | 1 | 35. 5 |
| 5 | 2 | 20. 5 |
| 6 | 3 | 9. 0 |
| 7 | 1 | 40. 5 |
| 8 | 2 | 22. 5 |
| 9 | 3 | 12. 5 |
| 10 | 1 | 46. 0 |
| 11 | 2 | 29. 0 |
| 12 | 3 | 18. 0 |
| 13 | 1 | 49. 0 |
| 14 | 2 | 36. 0 |
| 15 | 3 | 24. 0 |

$ input $ type
［1］"Tukey"

$ input $ conf. level
［1］0. 95

$ input $ alternative
［1］"two. sided"

$ input $ asy. method
［1］"logit" "probit" "normal" "mult. t"

$ input $ plot. simci
［1］FALSE

$ input $ control
NULL

$ input $ info
［1］TRUE

$ input $ rounds
［1］3

$ input $ contrast. matrix

NULL

$ input $ correlation
［1］ FALSE

$ input $ weight. matrix
［1］ FALSE

$ text. Output
［1］ "True relative contrast effect p is less or equal than 1/2"

$ connames
［1］ "p(1,2) " " "p(1,3) " " "p(2,3) "

$ AsyMethod
［1］ "Logit － Transformation"

attr( ,"class" )
［1］ "nparcomp"

【结果解释】

(1)输出 Kruskal-Wallis 检验的结果。$P = 0.0077 < 0.05$,按 $\alpha = 0.05$ 水准,拒绝 $H_0$,接受 $H_1$,可以得出专业结论:3 种药物杀灭钉螺的效果不同。

(2)输出三组之间两两比较结果,各组之间差异均有统计学意义。

# 9.7　等级分组资料的非参数检验

等级资料(有序变量)是对性质和类别的等级进行分组,再观察每组观察单位个数所得到的资料。在临床医学资料中,经常会遇到一些定性指标,如临床疗效的评价、疾病的临床分期、疾病严重程度等,对这些指标常采用分成若干个等级,然后分类计数的办法来解决量化问题,这样的资料在统计学上称为等级资料。对等级资料也可以采用非参数检验方法。

## 9.7.1　等级分组资料的非参数检验方法概述

计量资料为频数表资料,是按数量区间分组;等级资料是按等级分组。下面以等级资料为例,分别介绍两组和三组独立样本等级资料的非参数检验方法。

【例 9-9】　用某药治疗不同病情(A 型和 B 型)的老年慢性支气管炎病人,疗效见表 9-7,试比较该药对两种病情的疗效。

表9-7　某药对两种不同病情的支气管炎疗效

| 疗效 (1) | A 型 (2) | B 型 (3) | 合计 (4) | 秩范围 (5) | 平均秩 (6) | 秩和 | |
|---|---|---|---|---|---|---|---|
| | | | | | | A 型 (7)=(2)×(6) | B 型 (8)=(3)×(6) |
| 控制 | 65 | 42 | 107 | 1~107 | 54 | 3510 | 2268 |
| 显效 | 18 | 6 | 24 | 108~131 | 119.5 | 2151 | 717 |
| 有效 | 30 | 23 | 53 | 132~184 | 158 | 4740 | 3634 |
| 痊愈 | 13 | 11 | 24 | 185~208 | 196.5 | 2554.5 | 2161.5 |
| 合计 | 126 ($n_1$) | 82($n_2$) | 208 | — | — | 12955.5 | 8780.5 |

$H_0$:该药治疗 A 型和 B 型老年慢性支气管炎病人疗效总体分布位置相同。

$H_1$:该药治疗 A 型和 B 型老年慢性支气管炎病人疗效总体分布位置不相同。

$\alpha = 0.05$。

求 $T$ 值,计算 $\mu$ 值:先确定各等级的合计人数、秩范围和平均秩,见表9-7 的(4)栏、(5)栏和(6)栏,再计算两样本各等级的秩和,见(7)栏和(8)栏;本例 $T = 8780.5$;用公式计算 $\mu$ 值,$n_1 = 126$,$n_2 = 82$,$N = 126+82 = 208$,$\sum (t_j^3 - t_j) = (107^3 - 107) + (24^3 - 24) + (53^3 - 53) + (24^3 - 24) = 1401360$。

$$\mu = \frac{8780.5 - 82(208 + 1)/2}{\sqrt{\dfrac{126 \times 82 \times (208 + 1)}{12}\left(1 - \dfrac{1401360}{208^3 - 208}\right)}} \tag{9-11}$$

查界值表,$P = 0.5883$,按 $\alpha = 0.05$ 水准,接受 $H_0$,可以得出专业结论:尚不能认为该药治疗 A 型和 B 型老年慢性支气管炎病人疗效有显著性差异。

## 9.7.2　等级分组资料非参数检验的 R 程序

【例9-10】　编写 R 程序,对例9-9的数据进行数据分析,试比较该药对两种病情的疗效。数据不服从正态分布,故采用非参数检验方法,分析方法与两组定量资料的非参数检验方法类似。

【R 程序】

```
>example9_10 <- read. table ("example9_10. csv", header=TRUE, sep=",")
>attach(example9_10)
>wilcox. test(x ~ g)
>detach(example9_10)
```

【R 输出结果】

Wilcoxon rank sum test with continuity correction

data: x by g

W = 4954.5, p-value = 0.5883

alternative hypothesis: true location shift is not equal to 0

【结果解释】

$P=0.588\,3$，尚不能认为该药治疗 A 型和 B 型老年慢性支气管炎病人的疗效有显著性差异。分析结果与例 9-9 的计算结果完全一致。

# 9.8　随机区组资料的非参数检验

Friedman $M$ 检验，用于推断随机区组设计的多个相关样本所来自的多个总体分布是否有差别。检验假设 $H_0$ 和备择假设 $H_1$ 与多个独立样本比较的 Kruskal-Wallis $H$ 检验相同。

## 9.8.1　随机区组资料的非参数检验方法概述

随机区组资料的非参数检验方法步骤见例 9-11。

【例 9-11】　8 名受试对象在相同的试验条件下分别接受 4 种不同频率声音的刺激，他们的反应率(%)资料见表 9-8。问 4 种频率声音刺激的反应率是否有差别。

表 9-8　8 名受试对象对 4 种不同频率声音刺激的反应率比较

| 受试对象 | 反应率(%) | 声音 | 反应率(%) | 声音 | 反应率(%) | 声音 | 反应率(%) | 声音 |
|---|---|---|---|---|---|---|---|---|
| 1 | 8.4 | 1 | 9.6 | 2 | 9.8 | 3 | 11.7 | 4 |
| 2 | 11.6 | 1 | 12.7 | 4 | 11.8 | 2 | 12.0 | 3 |
| 3 | 9.4 | 2 | 9.1 | 1 | 10.4 | 4 | 9.8 | 3 |
| 4 | 9.8 | 2 | 8.7 | 1 | 9.9 | 3 | 12.0 | 4 |
| 5 | 8.3 | 2 | 8.0 | 1 | 8.6 | 3.5 | 8.6 | 3.5 |
| 6 | 8.6 | 1 | 9.8 | 3 | 9.6 | 2 | 10.6 | 4 |
| 7 | 8.9 | 1 | 9.0 | 2 | 10.6 | 3 | 11.4 | 4 |
| 8 | 7.8 | 1 | 8.2 | 2 | 8.5 | 3 | 10.8 | 4 |
| $R_i$ | — | 11 | — | 16 | — | 23.5 | — | 29.5 |

随机区组资料的区组个数用 $n$ 表示，相关样本个数(研究因素的水平个数)用 $g$ 表示，因此每个样本例数为 $n$，总例数 $N=ng$。本例 $n=8,g=4,N=32$。本例为百分率资料，不符合正态分布，故使用 Friedman $M$ 检验。

$H_0$:4 种频率声音刺激的反应率总体分布位置相同。

$H_1$:4 种频率声音刺激的反应率总体分布位置不全相同。

$\alpha=0.05$。

求检验统计量 $M$ 值:①将每个区组的数据从小到大分别编秩,数据相等者取平均秩;

②计算各样本的秩和 $R$,平均秩和 $\overline{R}=n(g+1)/2$;③推求 $M$ 值的计算公式:

$$M = \sum (R_i - \overline{R})^2 = \sum R_i^2 - n^2 g(g+1)^2/4 \tag{9-12}$$

按此公式计算 $M$ 值:

$$M = (11^2 + 16^2 + 23.5^2 + 29.5^2) - 8^2 \times 4 \times (4+1)^2/4 = 199.5$$

确定 $P$ 值,做出推断结论:当 $n \leqslant 15$ 和 $g \leqslant 15$ 时,查 $M$ 界值表。本例 $n=8$,$g=4$,查 $M$ 界值表得 $P<0.05$,按 $\alpha=0.05$ 水准,拒绝 $H_0$,接受 $H_1$,可以认为 4 种频率声音刺激的反应率有显著性差异。

当 $n>15$ 或 $g>15$ 时,超出 $M$ 界值表的范围,可以用 $\chi^2$ 近似法,按式(9-13)计算 $\chi^2$ 值:

$$\chi^2 = \frac{12M}{ng(g+1)C}, \quad C = 1 - \frac{\sum (t_j^2 - t_j)}{n(g^3 - g)} \tag{9-13}$$

式中:$t_j$ 为按区组而言的第 $j$ 个相同秩的个数;$C$ 为校正系数。

若相同秩个数少,$C$ 近似等于 1,也可以不校正。

## 9.8.2　随机区组资料非参数检验的 R 程序

【例 9-12】　编写 R 程序,对例 9-11 的数据进行分析,分析 4 种频率声音刺激的反应率是否有差别。

随机区组资料的非参数检验采用函数 friedman. test( )进行分析,其调用格式为:

friedman. test( y ~ A | B, data)

其中,y 是数值型结果变量,A 是一个分组变量,B 是一个用以认定匹配观测的区组变量。data 为可选参数,指定了包含这些变量的矩阵或数据框。

【R 程序】

```
>example 9_12 <- read. table ("example9_12 . csv", header=TRUE,sep=",")
>attach(example9_12)
>friedman. test (rate~ treat|block)
>library(PMCMR)
>posthoc. friedman. nemenyi. test(rate,treat,block)
>detach(example9_12)
```

【R 输出结果】

(1)

Friedman rank sum test

data: rate, treat and block

Friedman chi-squared = 15.152, df = 3, p-value = 0.001691

(2)

Pairwise comparisons using Nemenyi post-hoc test with q approximation for unreplicated blocked data

data：rate ，treat and block

| 1 | 2 | 3 |
| --- | --- | --- |
| 2 | 0.7675 | – | – |
| 3 | 0.0732 | 0.4666 | – |
| 4 | 0.0019 | 0.0443 | 0.6510 |

P value adjustment method：none

【结果解释】

（1）说明效应因子 treat 对因变量 rate 有显著性影响（$P = 0.001\ 691$）。可以得出专业结论：4 种频率声音刺激的反应率差异有统计学意义。

（2）输出 4 个处理组之间两两比较结果，第一种和第二种频率声音刺激以及第三种和第四种频率声音刺激的反应率差异有统计学意义。

# 9.9　等级相关(秩相关)

秩相关或等级相关是用双变量等级数据作直线相关分析,这类方法由于对原变量分布不做要求,故而属于非参数统计方法,适用于下列资料：①不服从双变量正态分布而不宜做积差相关分析；②总体分布型未知；③原始数据是用等级表示。当两变量不符合双变量正态分布的假设时,需要用 Spearman 秩相关来描述变量间的相互变化关系。此时,散点图上散点的分布形态不能完全描述两变量间的相关关系,故此时一般不需要再绘制散点图。

## 9.9.1　秩相关概述

类似前述积差相关,它是用等级相关系数 $r_s$ 来说明两个变量间直线相关关系的密切程度与相关方向,将 $n$ 对观察值 $X_i, Y_i (i = l, 2, \cdots, n)$ 分别从小到大编秩,$P_i$ 表示 $X_i$ 的秩,$Q_i$ 表示 $Y_i$ 的秩,其中每对 $P_i$、$Q_i$ 可能相等,也可能不等。用 $P_i$ 与 $Q_i$ 之差反映 $X, Y$ 两变量秩排列一致性的情况。取 $\sum d_i^2 = \sum (P_i - Q_i)^2$,在 $n$ 一定时,每对 $X, Y$ 的秩完全相等为完全正相关,此时 $\sum d_i^2$ 有最小值 0;每对 $X_i, Y_i$ 的秩完全相反为完全负相关,此时 $\sum d_i^2$ 有最大值。$\sum d_i^2$ 在 0 到其最大值的范围内的变化,刻画了 $X, Y$ 两变量的相关程度。可以按式(9-14)计算 Spearman 等级相关系数。

$$r_s = 1 - \frac{6 \sum d^2}{n(n^2 - 1)} \tag{9-14}$$

$r_s$ 值界于 -1 与 1 之间,$r_s$ 为正表示正相关,$r_s$ 为负表示负相关,$r_s$ 为零表示零相关。样本等级相关系数 $r_s$ 是总体相关系数 $\rho_s$ 的估计值。

【例 9-13】　用 $^{60}$Co 对狗造成急性放射病,对照射后 5 天时的健康状况进行综合评分,并记录其存活天数,见表 9-9,试做等级相关分析。

表 9-9　狗急性放射病综合评分及其存活天数

| 编号 | 综合评分 | | 存活天数 | | $d$ | $d^2$ |
|---|---|---|---|---|---|---|
| | 数值 | 秩 | 数值 | 秩 | | |
| 1 | 79 | 2 | 45 | 7 | −5 | 25 |
| 2 | 80 | 3 | 30 | 6 | −3 | 9 |
| 3 | 91 | 6 | 16 | 2 | 4 | 16 |
| 4 | 90 | 5 | 24 | 3 | 2 | 4 |
| 5 | 70 | 1 | 28 | 5 | −4 | 16 |
| 6 | 87 | 4 | 25 | 4 | 0 | 0 |
| 7 | 92 | 7 | 14 | 1 | 6 | 36 |
| 合计 | — | 28 | — | 28 | — | 106 |

$H_0 : \rho_s = 0$，即健康状况综合评分和存活天数之间无直线相关关系。

$H_1 : \rho_s \neq 0$，即健康状况综合评分和存活天数之间有直线相关关系。

$\alpha = 0.05$。

将两变量的实测值分别从小到大编秩，每个变量中若有观察值相同则取平均秩。求每对秩的差值 $d$、$d^2$、$\sum d^2$，计算统计量 $r_s$：

$$r_s = 1 - \frac{6 \times 106}{7(7^2 - 1)} = -0.892\,9$$

查 $r_s$ 界值表，得 $P < 0.01$。按 $\alpha = 0.05$ 水准，拒绝 $H_0$，接受 $H_1$，可以认为健康状况综合评分和存活天数之间存在负相关关系。

### 9.9.2　spearman 秩相关的 R 程序

【例 9-14】　编写 R 程序，对例 9-13 的数据进行分析，分析健康状况综合评分与存活天数之间的等级相关系数。

将综合评分和存活天数分别用变量 $x$ 和 $y$ 表示，编制程序如下。

【R 程序】

```
>Example9_14 <- read. table ("example9_14. csv", header = TRUE, sep = ",")
>attach( Example9_14)
>plot(x, y)
>cor (Example9_14, method = "spearman")
>cor. test(x, y, method = "spearman")
>detach (Example9_14)
```

【R 输出结果】

（1）

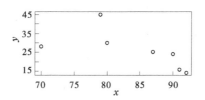

（2）

x　　　　y

x　1.0000000 −0.8928571

y −0.8928571　1.0000000

Spearman's rank correlation rho

data：x and y

S = 106, p-value = 0.0123

alternative hypothesis：true rho is not equal to 0

sample estimates：

rho

−0.8928571

【结果解释】

（1）给出两变量的散点图，从图形可以看出，两变量呈现负相关关系。

（2）给出变量的相关系数矩阵，相关系数不为零（$r = -0.892\ 86$，$P = 0.012\ 3 < 0.05$）。可以得出专业结论：健康状况综合评分和存活天数之间存在负相关关系。

# 9.10　本章小结

非参数检验方法简便，不依赖于总体分布的具体形式，因而适用性强，但灵敏度和精确度不如参数检验。一般而言，非参数检验适用于以下 3 种情况：

（1）顺序类型的数据资料，这类数据的分布形态一般是未知的。

（2）虽然是连续数据，但总体分布形态未知或者非正态，这和卡方检验一样，称为自由分布检验。

（3）总体分布虽然正态，数据也是连续类型，但样本容量极小，如 10 以下（虽然 $T$ 检验被称为小样本统计方法，但样本容量太小时，代表性毕竟很差，最好不要用要求较严格的参数检验法）。

因为有这些特点，加上非参数检验法一般的原理和计算比较简单，因此常用于一些为正式研究进行探路的预备性研究的数据统计中。当然，由于非参数检验许多牵涉不到参数计算，对数据中的信息利用不够，因而其统计检验力相对参数检验则差得多。

　　本章介绍了编秩的基本步骤、平均秩的计算及相等秩的校正。详细讲解了非参数检验的几种基本类型和检验的基本方法,包括配对及单样本秩和检验、两组样本比较的秩和检验、多组样本比较的秩和检验、等级分组资料的非参数检验和随机区组设计资料比较的秩和检验等。在学习的过程中,应掌握各种资料的编秩以及秩和检验方法。

# 参考文献

[1] 丛树铮.水文学概率统计基础[M].北京:水利出版社,1981.

[2] 刘光文.水文频率计算评议[J].水文,1986(3):11-18.

[3] 丛树铮,谭维炎.水文频率计算中的参数估计方法统计试验研究[J].水利学报,1980(3):1-15.

[4] 刘光文.皮尔逊Ⅲ型分布参数估计[J].水文,1990(3):15-22.

[5] 刘光文.皮尔逊Ⅲ型分布参数估计[J].水文,1990(4):14-23.

[6] 金光炎.论水文频率计算中的适线法[J].水文,1990(2):6-13.

[7] 王俊德.水文统计[M].北京:水利电力出版社,1993.

[8] 孙济良.关于洪水频率分析的线型问题[J].水利水电技术,1987(6):12-22.

[9] 李元章,丛树铮.熵及其在水文频率计算中的应用[J].水文,1985(1):22-26.

[10] 宋德敦,丁晶.概率权重矩法及其在P-Ⅲ分布中的应用[J].水利学报,1988(3):1-11.

[11] 秦大庸,孙济良.概率权重矩法在指数Γ分布的应用[J].水利学报,1989(11):1-9.

[12] 陈元芳,沙志贵.可考虑历史洪水对数正态分布线性矩法的研究[J].河海大学学报,2003(1):80-83.

[13] 陈元芳,沙志贵.具有历史洪水时P-Ⅲ分布线性矩法的研究[J].河海大学学报,2001(4):76-80.

[14] 邱林,陈守煜,潘东.P-Ⅲ型分布参数估计的模糊加权优化适线法[J].水利学报,1998(1):33-38.

[15] 马秀峰.计算水文频率参数的权函数法[J].水文,1984(3):1-8.

[16] 刘治中.数值积分权函数法推求P-Ⅲ型分布参数[J].水文,1987(5):11-14.

[17] 夏乐天.水文频率计算中的一种非参数估计方法——密度函数估计法[C]//国际水文计划中国国家委员会.2000年中国水文展望.南京:河海大学出版社,1991:86-92.

[18] 戴梁,王文军.洪水频率稳健估计研究状况[J].武汉水运工程学院学报,1989(3):85-94.

[19] 梁忠民,宁方贵,等.权函数水文频率分析方法的一种应用[J].河海大学学报,2001(4):95-98.

[20] Adamowski k. Nonparametric kernel estimation of frequencies[J]. Water Resources Research,1985,21(11):1585-1590.

[21] Adamowski k. A Mont-Carlo comparison of parametric and nonparametric estimation of flood frequencies[J]. Journal of Hydrology,1989(108):295-308.

[22] Adamowski,W Feluch. Nonparametric flood frequency analysis with historical information[J]. Hydranl. Eng ,1990(116):1035-1047.

[23] Shatma A. Stream simulation :A nonparametric apptoach[J]. Water Resources Research,1997,33(2):291-308.

[24] Adamowski k. Regional analysis of analysis of annual maximum and partial duration flood data by nonparametric and l-moment methods[J]. Journal of Hydrology,2000(229):219-231.

[25] Adamowski k. Nonparametric estimation of low-flow frequencies[J]. Journal of Hydraulic Engineering,1996(46):1685-1699.

[26] Bowman A W. A comparative study of some kernel-based nonparametric density estimators[J]. Stat Comput. Simul,1985(21):313-327.

[27] Bean S,Tsokos C P. Bandwidth selection procedures for kernel density estimation[J]. Theory Methods,

1982(11): 1045-1069.

[28] Rajaqoplan B. Multivariate nonparametric resampling scheme for generation of daily weather variable[J]. Stochastic Hydrology and Hydraulics,1977(11):65-93.

[29] Breiman L W M,Purcell E. Variable Kernel estimates of multivariate densities[J]. Technometrics,1997, 19(2):114-135.

[30] Devtoye F M ,Gyorf F L. Nonparametric density estimation[M]. New York,Wilew lnc. ,1983.

[31] Devroye L P. The transformed kernel estimate[R]. Technical report,appied research laboratories,1983.

[32] Denis G , Kaz A. Coupling of nonparametric frequency and 1-moment analyses formixed distribution identification[J]. Water resources bulletin,1992(28):263-272.

[33] Eforn B. Bootstrap methods: Another look at the Jackknife[J]. Ann. Stat,1979(7):1-26.

[34] Fortin V. Simulation bayes and bootstrap in statistical hydrology[J]. Water Resources Research 1977,33 (3):43-48.

[35] Epanechnikov V A. Nonparametric estimation if a multidimensional probability density[J]. Theory of probability and application,1969(14):153-158.

[36] GUO Shen-Lian. Nonparametric Variable Kernel estimation with historical floods and paleoflood information[J]. Water Resources Research,1991,27(1):91-98.

[37] GUO Shen-Lian. Nonparametric kernel estimation of low flow quantiles[J]. Journal of hydrology,1996 (185):335-348.

[38] GUO shen-lian. Flood frequency analysis in Heiben Provice,China[J]. M. Sc. thesis,Natl. Univ. of Ireland,1986(3):166-170.

[39] GUO Shen-Lian. Flood frequency analysis based on parametric and nonparametric statistics[J]. Ph. D. thesis:Natl. Univ. of Ireland,1990.

[40] Goel N K. A derived flood frequency distribution for correlated rainfall intensity and duration[J]. Journal of hydrology,2000(228):56-67.

[41] Habbema J D F, Rrmme J. Variable kernel density estimation in discriminant analysis in compstant[J]. Physica Verlay Vienna,1978(2):178-185.

[42] Kyang J . Comparative study of flood quantiles estimation by nonparametric modes[J]. Journal of Hydrology,2002(260):176-193.

[43] Koutsoyiannis D. Simple disaggregation accurate adjudting procedures[J]. Water Resources Research, 1996,32(7):2105-2117.

[44] Kite G W. Frequency and risk analysis in hydrology[J]. Water Resources Publications,1977:145-156.

[45] Koutrouvelis I A. A comparison of moment-based methods of estimation for the log pearson type 3 distribution[J]. Journal of Hhydrology,2000(234):71-81.

[46] Koutrouvelis A. Estimation in the pearson type 3 distribution[J]. Water Resources Research,1999,35 (9):2693-2704.

[47] Klonias V K. On a class of nonparametric density and regression estimators[J]. Ann. Statist,1984(12): 1263-1284.

[48] Laurie S P,Duane C B. Development of a technique to determine adequate sample size using subsampling and return interval estimation[J]. Journal of Hydrology,2001(251):110-116.

[49] Mkhandi S H,Kachroo R K. Uncertainty analysis of flood quantiles estimates with reference to Tanzania[J]. Journal of Hydrology,1996(185):317-333.

[50] Nadataja E. On regression estimators[J]. Theory Probab. Appl. ,1964(9):157-159.

[51] Pandey G R. A Comparative study of regression based methods in regional flood frequency analysis[J]. Journal of Hydrology,1999(225):92-101.

[52] Raatgever J W, Duin R P W. On the variable kernel model for multivariate nonparametric density estimation[J]. Physica Verlag,Vienna, 1978(3):524-533.

[53] Rajaqopalan B. Evaluation of kernel density estimation method for daily precipitation tesampling[J]. Stochastic Hydrology and Hydrawlics,1997,11:523-547.

[54] Rice J. Bandwidth choice for nonparametric regression[J]. Ann. Satist. ,1984(12):1215-1230.

[55] Rice J. Bandwidth choice for differentiation[J]. Multivariate Anal,1986(19):251-264.

[56] Scott D W, Factor L E. Mont Carlo study of there data based nonparametric probability density estimators[J]. Am. Stat. Assoc. ,1998(80): 9-15.

[57] Silverman B W. Choosing window width when estimating a density[J]. Biometrika,1978(65):1-11.

[58] Silverman B W. Weak and strong uniform consistency of the kernel estimate of a density function and its derivatves[J]. Ann. Statist,1978(6):177-184.

[59] Stone C J. An asymptotically optimal window selection rule for kernel density estimates[J]. Ann. Statist, 1984(12):1285-1297.

[60] Schuster E,Yakowitz S. Parametric / Nonparametric mixture density estimation with application to flood-frequency analysis[J]. Water Resources Bulletin,1985,21(5):797-814.

[61] Smith J A. Long-range stream flow forecasting using nonparametric regression[J]. WaterResources Bulletin,1991,27(1):39-46.

[62] Scott D W. Multivariate density estimation . Theory practice and visualization wiley series in probability and mathematical statistics[M]. New York:Jonh wiley & Sons,1992.

[63] Sarka Blazkova,Keith Beven. Flood frequency prediction for data limited catchments in the Czech Republic using a stochastic rainfall model and Topmdel[J]. Journal of Hydrology,1997(195):256-278.

[64] Tung Y K, May Larry W. Reducing hydrologic parameter uncertainty[J]. ASCE (WR1),1981(1):123-142.

[65] Tarboton D G. Disaggregation procedures for stochastic hydrology based on nonparametric density estimation[J]. Water Resources Research,1988,34(1):107-119.

[66] Upmanu L,Uoung M. Kernel flood frequency estimators: Bandwidth selection and kernel choice[J]. Water Resource Research. 1993(29) :152-156.

[67] Upmanu Lall. A nearest neighbor bootstrap for resampling hydrologic time series[J]. Water Resources Research,1996,32(3):679-693.

[68] Upmanu Lall et al. A nonparametric wet /dry spell model for resampling daily precipitation[J]. Water Resources Research,1996,32(9):280-3823.

[69] Valencia D R, Schaake J L. Disaggregation processes in stochastic hydrology [J]. Water Resources Research,1973,9(3):580-585.

[70] Willems P. Compound intensity /duration/frequency-relationships of extreme precipitation for two seasons and two storm types[J]. Journal of Hydrology,2000(233):189-205.

[71] Wong W. On the consistency of cross-validation in kernel nonparametric regression[J]. Ann. Statist, 1982(11):1136-1141.

[72] Young M, Vpmanu L. A comparison of tail probability estimators for flood frequency analysis[J]. Journal of Hydrology,1993(151):343-363.

[73] Ykowitz S. Nearest neighbor methods for time series analysis[J]. Time Ser. Anal. , 1987,8(2):

234-247.

[74] Yakowitz S. Markov flow models and the flood warning problem[J]. Water Resources Resarch,1985,21 (1):81-88.

[75] Yakowitz S,Karlsson M. Nearest neighbor methods for time series ,with application to rainfall/runoff prediction[J]. Stochastic Hydrology,1987:149-160.

[76] Yue S. The gumbel mixed model for flood frequency analysis[J]. Journal of Hydrology,1999(226): 88-100.

[77] 陈希孺,柴根象. 非参数统计教程[M]. 上海:华东师范大学出版社,1993.

[78] 王文圣,丁晶. 非参数统计方法在水文水资源中的应用与展望[J]. 水科学进展,1999(10): 458-463.

[79] 王文圣,丁晶. 基于核估计的多变量非参数随机模型初步研究[J]. 水利学报,2003(2):9-14.

[80] 王文圣,丁晶. 最邻近抽样回归模型在水文水资源预报中的应用[J]. 水电能源科学,2001(2): 8-14.

[81] 王文圣,袁鹏. 最邻近抽样回归模型在水环境预测中的应用[J]. 中国环境科学,2001,21(4): 367-370.

[82] 王文圣,丁晶. 单变量核密度估计模型及其在径流随机模拟中的应用[J]. 水利科学进展,2001(3): 367-372.

[83] 王文圣,丁晶. 非参数解集模型在汛期日径流随机模拟中的应用[J]. 四川大学学报,2000(6): 11-14.

[84] 王文圣. 非参数模型及其在水文水资源随机模拟中的应用[D]. 成都:四川大学,1999.

[85] 欧阳资生. 一种包含递归的核回归估计的回归预测模型[J]. 数里统计与管理,2001(5):37-41.

[86] 郭生练,李兰. 气候变化对水文水资源影响评价的不确定性分析[J]. 水文,1995(6):1-5.

[87] 郭生练. 气候变化对洪水频率和洪峰流量的影响[J]. 水科学进展,1995(6):224-230.

[88] 钟登华,石明华. 水文时间序列长期相关性的识别[J]. 天津大学学报,1998(4):433-438.

[89] 金汉均. 一类小样本系统的非参数预测法[J]. 湖北工学院学报,1994(4):20-23.

[90] 徐钟济. 蒙特卡罗方法[M]. 上海:上海科技出版社,1985.

[91] 金光炎. 城市设计暴雨频率计算问题[J]. 水文,2000(2):14-18.

[92] 陈希孺. 数理统计引论[M]. 北京:科学出版社,1981.

[93] 王星,褚挺进. 非参数统计[M]. 北京:清华大学出版社,2014.

[94] 柳向东. 非参数统计——基于R语言案例分析[M]. 广州:暨南大学出版社,2016.

[95] 但尧,丁鹭飞. 非参数变换核估计[J]. 数理统计与应用概率,1989,2(1):13-23.

[96] 谢崇宝,袁宏源,郭元裕. P-Ⅲ型理论频率曲线参数估计——模糊极值法[J]. 水文,1997(3):1-7

[97] 汪海波,萝莉. R语言统计分析与应用[M]. 北京:人民邮电出版社,2018.

[98] 丁文兴. 非参数回归模型的变窗宽局部线性估计及其统计性质[D]. 北京:北京工业大学,2002.

[99] 叶阿忠. 非参数计量经济联立模型的局部线性两阶段最小二乘变窗宽估计[J]. 数学的实践与认识,2004(1):30-37.

[100] 孙道德. 非参数回归函数最近邻估计强相合性的研究[J]. 应用科学学报,2004(1):113-117.

[101] 杨莜菡,柴根象. 基于混合样本的污染性模型的非参数估计[J]. 自然科学出版社,2003(12): 1495-1500.

[102] 陆巍. 基于非参数方法的肿瘤基因表达数据挖掘[J]. 上海大学学报(自然版),2003(6):543-548.

[103] 胡舒合. 非参数回归函数估计的渐近正态性[D]. 韩山师范学院,2003(3):13-15.

[104] 张日权. 相依数据非参数核估计的收敛速度[J]. 苏州科技学院学报(自然版),2003(1):8-12,25.

［105］达庆车,段里仁.交通流非参数回归模型[J].数理统计与管理,2003(4):41-46.

［106］王文圣,丁晶.基于核估计的多变量非参数随机模型的初步研究[J].水利学报,2003(2):9-14.

［107］翁成国,邹卫华.截断情形下污染分布的非参数估计[J].科技通报,2003(1):54-57.

［108］薛留根.非参数回归函数的置信区间[J].应用科学学报,2002(1):77-79.

［109］赵怀城,刑国庆.非参数回归函数之改良基于分割的估计的强相合性(英文)[J].应用概率统计,2002(2):192-196.

［110］胡舒合.非参数回归函数估计的渐近正态性[J].数学学报,2002(3):433-442.

［111］王文圣,丁晶.一种径流随机模拟的非参数模型[J].水利水电技术,2002(2):8-10,74.

［112］乐有喜,王永刚.非参数回归在孔隙度参数预测中的应用[J].地质科学,2002(1):118-126.

［113］李竹渝.非参数统计方法对收入分布的解释[J].预测,2001(5):67-69.

［114］杨莜蒀.污染分布的非参数估计[J].同济大学(自然版),2001(6):700-702.

［115］欧阳资生.一种包含非参数回归估计的回归预测模型[J].湖南教育学院学报,2001(5):181-183.

［116］姜礼平.一种新的非参数谱估计方法[J].海军工程大学学报,2000(2):42-45.

［117］周圣武,王金山.非参数回归的若干性质[J].工科数学,2000(6):102-104.

［118］Peng Jia, Hong-Yuan Zhang, Xi-Zhi Shi. Bland source separation based on nonparametric density estimation[J]. Circuits, Systems, and Signal Processing,2002,22(1):57-67.

［119］Sharma A, Lall U, Tarboton D G. Kernel bandwidth selection for a first order nonparametric streamflow[J]. Stochastic Hydrology and Hydraulics,1998,12(1):33-52.

［120］Marc M Van Hulle. Nonparametric density estimation and regression achieved with topographic maps maximizing the information-theoretic entropy of their outputs[J]. Biological Cybernetics, 2003, 77(1):49-61.

［121］Khasminskii R. Kalman-type filter approach for some nonparametric estimation problems[J]. Lecture Notes in Control and Information Sciences, 2002(280):239-250.

［122］L. Di Matteo. The income elasticity of health care spending: A comparision of parametric and nonparametric approache[J]. The European Journal of Health Economics, 2003,4(1):20-29.

［123］Edgar Brunner, Madan L Puri. Nonparametric methods in factorial designs[J]. Statistical Papers, 2003,42(1):1-52.

［124］Song-xi Chen, Yong-song Qin. Coverage accuracy of confidence Dence intervals in nonparametric regression[J]. Acta Mathematicae Applicatae Sinica,2003,19(3):37-46.

［125］Václav Kus. Nonparametric density estimates consistent of the order of $n^{-1/2}$ in the $L_1$-norm[J]. Metrika, 2002,60(1):1-14.

［126］Juan Rodríguez-Poo. Constrained nonparametric analysis of load curves [J]. Empirical Economics, 2004, 25(2):229-246.

［127］López Fontán J L, Costa J, Ruso J M. A nonparametric approach to calculate critical micelle concentrations: the local polynomial regression method[J]. The European Physical Journal E - Soft Matter, 2002, 13(2):133-140.

［128］Maria Grazia Pittau, Roberto Zelli. Testing for changing shapes of income distribution: Italian evidence in the 1990s from kernel density estimates empirical economics[J]. Empirical Economics, 2004, 29(2):415,430.

［129］Zu-di Lu, Xing Chen. Spatial nonparametric regression estimation : Non-isotropic case[J]. Acta Mathematicae Applicatae Sinica, 2003, 18(4):641-656.

［130］SunYong Kim, Seiya Imoto, Satoru Miyano. Dynamic Bayesian networks for nonlinear modeling of gene

networks from time series gene expression data[J]. Lecture Notes in Computer Science, 2003(2602):
104-113.

[131] Joon-Woo Nahm. Nonparametric quantile regression analysis of R&D-sales relationship for Korean firms[J]. Empirical Economics, 2003, 26(1):259-270.

[132] Lambert C G. Efficient on-line nonparametric kernel density estimation[J]. Algorithmica, 2004, 25 (1):37-57.

[133] Koji Tsuda, Motoaki Kawanabe. The leave-one-out kernel[J]. Lecture Notes in Computer Science, 2002(2415):727-732.

[134] Chen H, Meer P. Robust computer vision though kernel density estimation[J]. Lecture Notes in Computer Science, 2002(2350):236-250.

[135] Lindström T, Holst U, Weibring P,et al. Analysis of lider measurment using nonparametric kernel regression[J]. Applied Physics B: Lasers and Optics, 2003, 74(2):155-165.

[136] Klaus Ziegler. On bootstrapping the mode in the nonparametric regression model with random design[J]. Metrika, 2002, 53(2):141-170.

[137] Dorin Comaniciu. Bayesian kernel tracking[J]. Lecture Notes in Computer Science, 2002(2449).

[138] Michael Kohler. Nonparametric regression function estimation using interaction least squares splines and complexity regularization[J]. Metrika, 2002, 47(2):147-163.